休閒手工藝系列 ④

芳香布娃娃

運用巧思點綴生活空間，提高生活的情趣

吳素芬／編著

前言 Prefact

隨著新世紀的來臨，現代人的腳步越來越快，除了講究生活的品質、美化，更講求機能與休閒。

本書中的每一件作品，皆有明確的尺寸說明、所需的材料，以及版型的補充，運用本書中的基本技法與簡易的縫紉技巧，便可以輕鬆完成。我們以〝居家生活〞為主，將布娃娃賦予更多的功能。包括吊飾、置物袋、提袋、滑鼠墊、眼枕、香枕、衣櫥芳香包、書夾、吸鐵、針線盒、掛鉤、鞋塞除臭包、門飾、窗飾等等，總計有69個芳香布娃娃，尤其加入功能性強的芳香填料，其中的多元效能，更是讓您意想不到。

發揮一下您的巧思，將生活中隨手可得的材料或回收物，加入個人喜愛或功能性的芳香味道，引領您來到一個全然放鬆的居家生活！！

如何製作芳香包

本書中介紹四種填充方式，
供您參考製作。

How to make

★ **填料的種類**

1-新鮮的香草植物
2-乾燥的香草植物
3-精油
4-填充顆粒

★ 填料的製作　1-新鮮的香草包

A 剪下一些新鮮的香草植物。

B 裝入芳香袋內，束口綁緊即可。

★ 填料的製作　2-乾燥的香草包

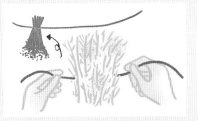

A 讓剪下的香草自然風乾。

~2~3 Hours...

B 利用燈光照射，使其保持原形又持久。

C 裝入芳香袋內，束口綁緊即完成。

★ 填料的製作　3-精油填充粒

A 在填充顆粒上滴2～3滴精油。

B 將其揉搓均勻，使香味平均散佈。

C 裝入芳香袋內，束口綁緊即完成。

香草植物Herb

如何選擇香草植物

在本書中，我們需要的是有益身心健康的香草植物作為填充料，而每一種香草的功能療效不同，也適合不同體質的人使用，尤其芳香包較適於單一種香料，或是香味協調的香草搭配調和，再加入幾滴精油，使其香味更持久宜人。

驅蟲	百里香、紫羅勒、甜羅勒、鼠尾草、艾蒿、甜菊、荷蘭芹
殺菌	葡萄柚、丁香、百里香、茶樹、羅勒、玫瑰 、尤加利、香茅草、薑
殺真菌	薑、茶樹、香茅草
殺微生物	丁香、松油、杜松
殺線蟲	薑、丁香、檸檬草、天竺葵、百里香、茶樹 、羅勒、小茴香、麝香薄荷、尤加利、香茅草、玫瑰木
肥胖	玫瑰、橙花、薰依草、佛手柑、鼠尾草、橘子 茴香，杜松、尤加利、香茅。
高血壓	薰依草、依蘭。
宿醉	茴香、杜松、迷迭香。
憂鬱症	葡萄柚、檸檬、鼠尾草、佛手柑、橘子、薰衣草、檀香木、玫瑰、天竺葵。
失眠症	玫瑰、甘菊、薰衣草等。
關節炎	杜松、百里香。
感冒所致的鼻塞·打噴嚏	尤加利、薰衣草、薄荷。
視覺疲勞	玫瑰、橘子、檸檬

香草盆栽、香料去哪找呢？

★花市-建國花市、台北花市、福和花市、新店花市等。

★商店-香草集、迪化街之花草茶專營店、精油專櫃等。

★農場-劼劼花園（台北市仰德大道二段二巷37號）
　　　香草屋（台北市承德路7段235號）
　　　君達香草健康世界
　　　（花蓮縣吉安鄉干城村干城45-63號）等等

特別推薦香料餐廳-葛莉絲花園餐廳▶
其料理<香草米蘭帕瑪森>～好吃！！
精緻的香草花園，值得推薦！！

香草植物Herb

常用香草植物

以下的乾燥香草都為天然可食用，並且可作為多種用途的香草植物，例如調配花草茶、香料餐；可製作保養品如沐浴乳、香草肥皂等；生活傢飾如香草蠟燭、擺飾；而市面上販售的精油更有多療效的用途。

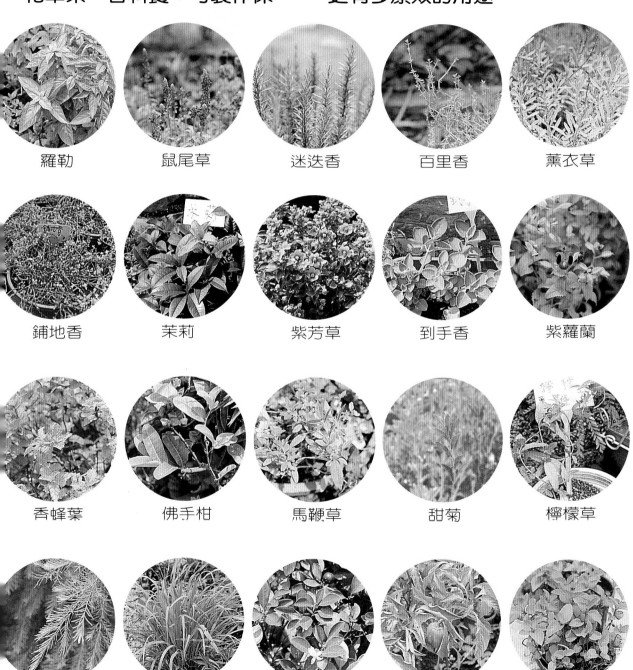

羅勒	鼠尾草	迷迭香	百里香	薰衣草
鋪地香	茉莉	紫芳草	到手香	紫蘿蘭
香蜂葉	佛手柑	馬鞭草	甜菊	檸檬草
茶樹	檸檬香茅	金桔	青椒	薄荷

目錄 contents

工具介紹

tools

① 剪刀、鋸齒剪
   刀、花邊剪刀、
   斜口鉗、圓規、
   尺
② 白膠(亦可用木
   工用白膠黏度更
   好)
③ 免洗筷、中性
   筆、大頭針
④ 保麗龍膠、熱溶
   槍、熱溶膠
⑤ 針、線
⑥ 熨斗
⑦ 腮紅或粉彩

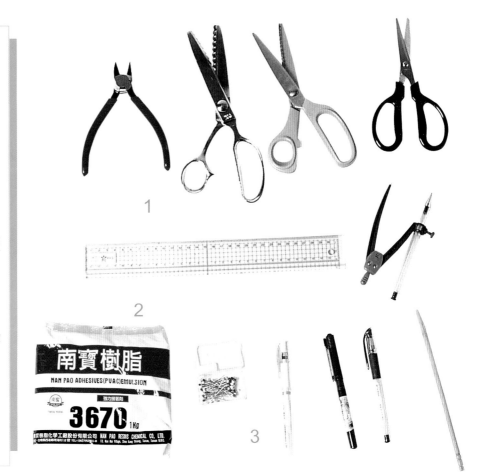

1

2

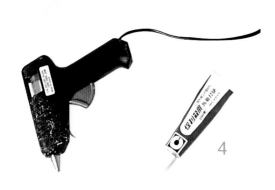

3

4

5

7

6

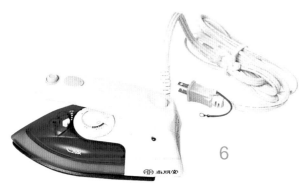

材料介紹
materials

① 香料包、精油
   （或香料）、填充
   粒
② 毛線、棉線（3股
   或6股）～可供作
   頭髮用
③ 手藝用填充棉花
④ 布娃娃專用頭髮
   線（捲髮）
⑤ 各式寬版蕾絲
⑥ 裡布
⑦ 絨布
⑧ 胚布
⑨ 紙襯
⑩ 膚色針織布
⑪ 鬆緊帶
⑫ 各色棉布
⑬ 各色不織布
⑭ 各式花邊
⑮ 泡棉
⑯ 各式蝴蝶結
⑰ 各式窄版蕾絲
⑱ 各式緞帶
⑲ 魔鬼黏
⑳ 各式小花、葉片

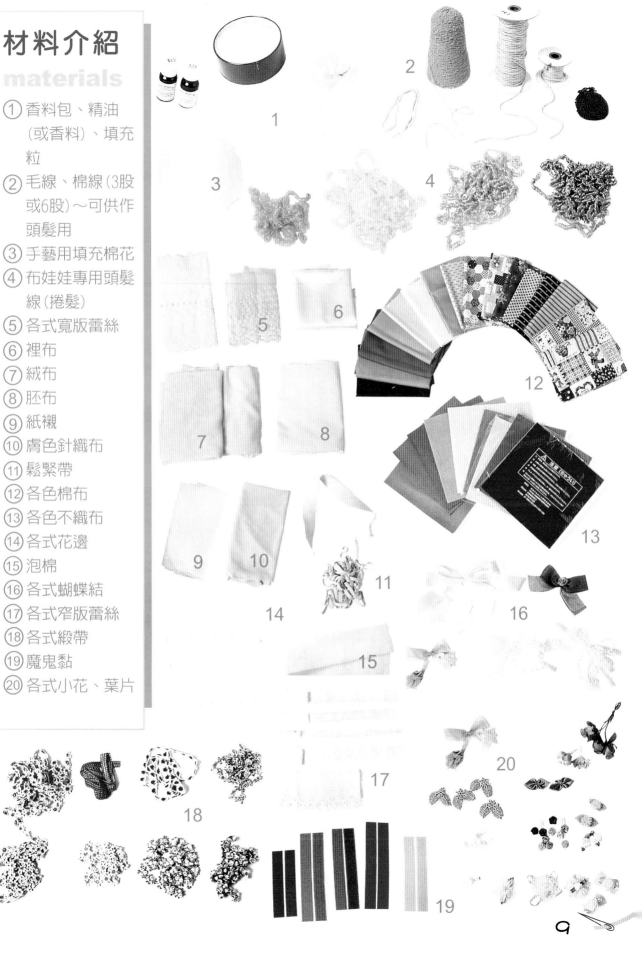

材料介紹
materials

① 白色鞋帶
② 木釦
③ 各式填充玩偶
④ 黑色塑膠圓珠
  （作眼睛用）
⑤ 手藝用細鐵絲
⑥ 吸盤
⑦ 吸鐵
⑧ 鑰匙圈
⑨ S鉤
⑩ 別針
⑪ 包包提把
⑫ 紗網

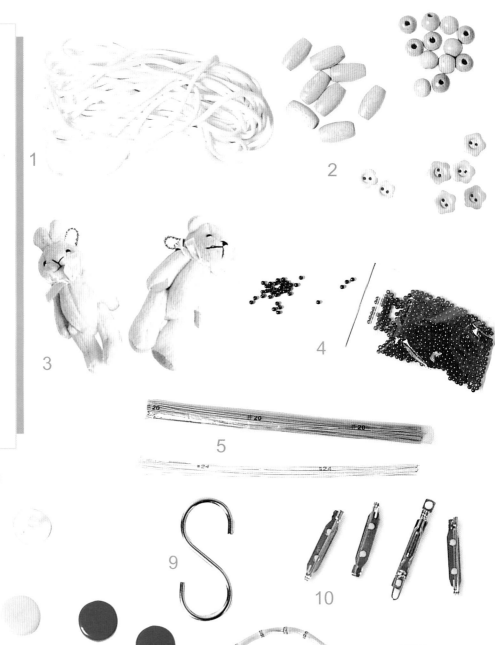

1

2

3

4

5

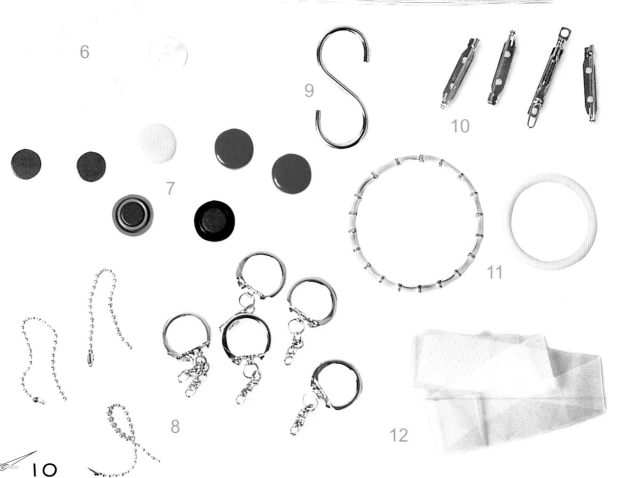

6

9

10

7

11

8

12

材 料 哪 裡 買

材料取得：

布 ： 拼布店，台北市迪化街永樂市場，布行。

填充綿、泡綿 ： 拼布店，台北市通化街永樂市場(2樓2046號)

毛線 ： 毛線店，手藝行

頭髮線 ： 拼布店，手藝行

蕾絲、花邊、緞帶 ： 手藝行，服裝材料行，永樂市場周邊各工藝材料行

店家介紹 ：

151布品DIY材料行 ：

台北市延平北路1段51號	TEL：02-2550-8899
桃園中山東路32號B1	TEL：03-336-7788
台中市繼光街158號	TEL：042-227-3355
高雄市中山一路6號	TEL：07-272-7766

介良DIY材料行 ：

台北市民樂街11號(永樂市場旁) TEL：02-2558-0718

恭盟服裝材料行 ：

台北市南京西路155巷3號	TEL：02-2555-0912
台南市文南路109號	TEL：06-265-1880

采伊進口毛線行 ：

台北市長安東路一段2號1樓　　TEL：02-2537-6956

AMMY'S QUILTING & PATCHWORK SHOP(拼布，娃娃行)

台北市天母東路8巷84號　　TEL：02-2873-1835

基本技法～
Methods

■自製香料

　　各手工藝行可購得現成之香料包、或可自行動手作，到化工原料行買填充粒，依各人喜好選用香精或精油，將精油倒入未浸泡之填充粒中2小時後瀝乾即可。（可參考P3填料的製作–精油填充粒）

■鬚邊處理

1　以打火機烤，距離布0.5cm。

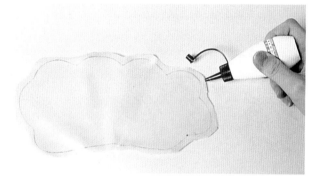

2　以白膠塗邊，待乾即可。

3　以透明指甲油塗邊、待乾即可。

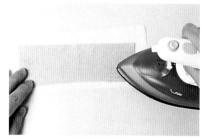

4　與紙襯對燙（紙襯含膠面 "即較亮面" 與布背面對燙）

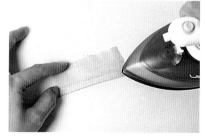

5　將布邊反折2摺、自縫。

■布娃娃的頭部作法

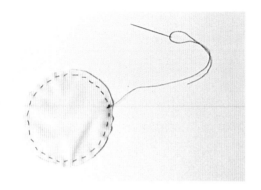

1 距布圓周外圍0.5cm縫一圈。

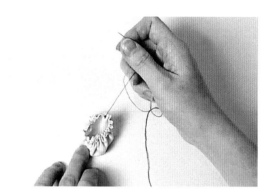

2 將線拉一縮口。

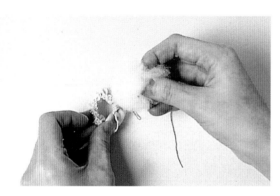

3 塞入棉花。

4 將線拉緊成一束口再以鑷子將棉花填充至飽滿，縫死束口、剪掉束口外圍多餘或不平之布。

5 用手調整圓度。

6 用針調整凹凸不平處。

基本技法～
Methods

●可依照書上指示的比例依個人所需放大縮小！！

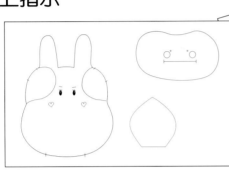

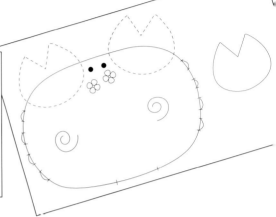

■紙型製作

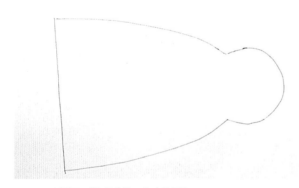

1 選取欲製作之紙型（可按附頁紙型實際大小）。

2 拿一張白紙覆蓋在紙型上。

3 描上圖型。

4 剪下複型之紙型。

5 剪下所需之各紙型。

■手/腳製作

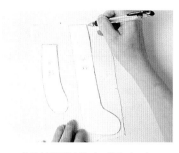

1　將紙型描在胚布上。

2　距畫線處外0.5cm剪下布型（即預留0.5cm縫份）。

3　2片對縫（手共4片、腳共4片）

4　在轉彎（圓弧）處，剪啞口（直縫處亦可不剪啞口）。
＊啞口需距車縫線0.3cm不可

5　以筷子由底部往上翻。

6　整個翻到正面。

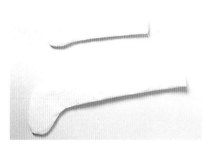

7　手、腳作法相同。

8　由翻口處塞入棉花。

9　可用筷子將棉花塞入，塞緊塞勻。
（手約 $\frac{1}{2}$ 、腳約 $\frac{1}{3}$ ）

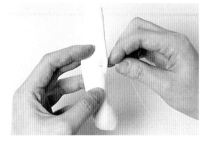

10　再 $\frac{1}{2}$ 處縫一橫線（2片對縫），作為手軸彎曲用。

11　手、腳做法相同。

基本技法~

Methods

■身體製作/組合

1 將2片身體胚布，以大頭針別齊，並將作好的2隻手放入身體內層。
(注意手掌方向需為反向)

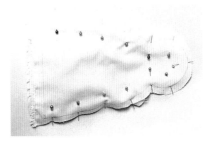

2 同樣以大頭針固定雙手，縫身體一圈。

3 對縫縫好後，將之翻到正面。

4 塞入棉花。

5 棉花塞滿約身體2/3時，再塞入香料及棉花直到飽滿為止。

6 翻口向內反折。

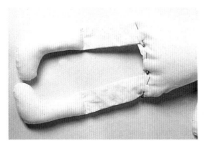

7 將作好之2隻腳放入翻口內側約1cm、以大頭針固定。

8 將翻口縫合。

9 人體基本型。

■頭髮（波浪捲）

1 將所需長度之棉繩裁剪好後，將每一股線由上方一一抽出。

2 依所需數量抽線。

3 在頭上塗上膠水（可白膠、保麗龍膠、熱溶膠、依材質不同而定，只要黏得牢即可）

4 將棉線對折。

5 一條一條黏於頭上。

（背面）

6 A～D頭髮黏好後，可依各人喜好剪或綁成各種髮型。

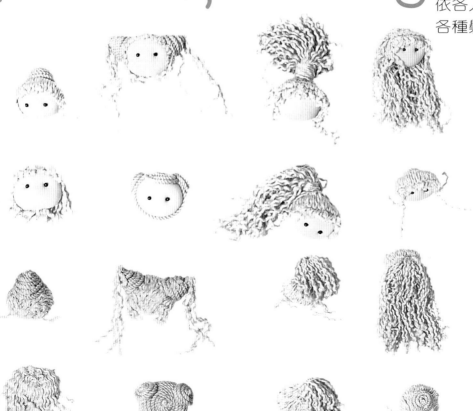

基本技法
Methods

■頭髮（圈圈捲或直髮）

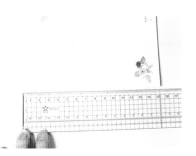

1 先量出所需頭髮長度。

2 剪下硬紙板。

3 將頭髮線或毛線纏繞硬紙板數圈。

4 作成髮束、數量依所需而定

5 將膠水黏於頭上（可白膠、相片膠、熱溶膠、依材質不同而定、只要可黏牢即可）。

6 將頭髮黏於頭上，並修剪頭髮，依各人喜好剪出或綁出各種不同髮型。

■眼

|

以黑色圓珠由頭後
方往前縫,再穿入
眼珠縫至後方。

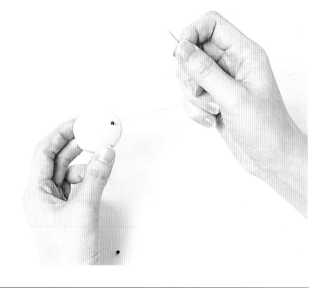

■表情

|

眼鼻、嘴等,亦可
以中性筆或布娃娃
專用針筆畫在臉上
。

A

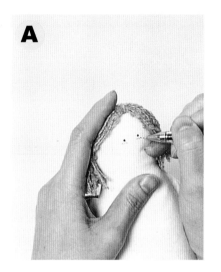

B

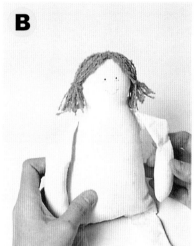

2

可以腮紅或粉彩塗
上娃娃的腮紅。
(棉花棒沾上粉彩或腮紅
後,先再手上或衛生紙上
暈開,再塗在臉上才能呈
現漸層感,並避免顏色過
重,如顏色過重可以白色
或膚色淡化)

基本技法～

Methods

■衣服/洋裝

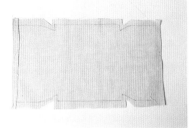

1 剪出上衣布型、左右2側袖口反折0.5cm自縫。

A

2 剪開領口。

B

3 縫領口花邊。

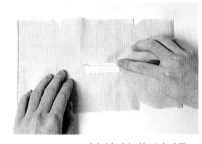

4 (正面) 前後片作法相同。

5 將裙片 (共2片) 上下各反折0.5cm自縫。上並縫成縐摺。 (與上衣下擺同寬)

6 裙頭與上衣下擺對縫、上衣袖子2片對縫 (左、右手袖子作法相同)。裙子2側對縫。

7 袖與裙直角處剪斜口。

8 翻到正面。

■褲子

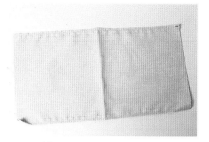

1 剪出褲子布型、上下各反折0.5cm、自縫。

2 左右對折。（反面）

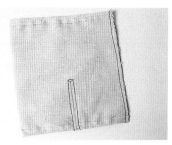

3 左邊2片對縫、先畫出中間褲擋倒U型，再將褲擋縫合。

4 剪開褲擋中線。

5 翻到正面，距褲頭0.5cm縫一圈。

6 待褲子穿上娃娃身上，再將線拉緊，成縮口縐摺。

■帶子

1 將布分成4等份。

2 上下2等份往內對折成1/2。

3 再將之折成1/4。

4 對縫。

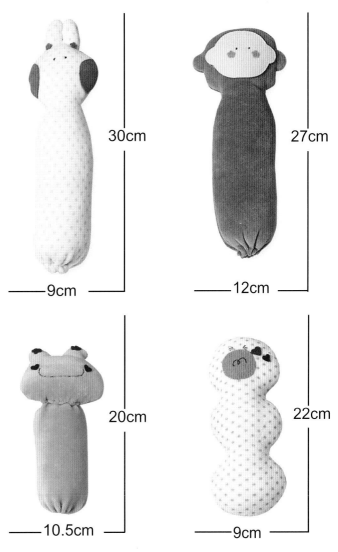

鞋塞除臭包

生活小智慧

將他們置於鞋子內，具有防潮、定型、除臭的功能。

30cm

9cm

27cm

12cm

20cm

10.5cm

22cm

9cm

香草小妙用-金盞花

具有促進血液循環的功能，對於婦女病有舒緩之效；外用時是良好的殺菌抗黴劑。

小兔鞋包除臭包/玩偶

材料：

絨布	24×32cm（身）
不織布	55×6cm　（腮紅）
小花	2朵
香料	少許
棉花	少許

完成品：　9×30cm（長）

小兔作法：

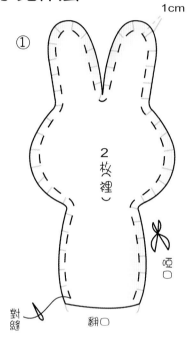

① 1cm

2枚裡）

對縫
翻口

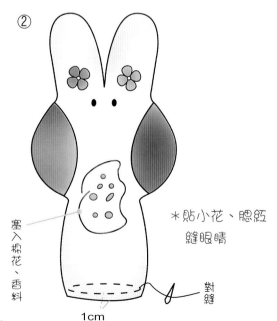

②

塞入棉花、香料

＊貼小花、腮紅
縫眼睛

對縫

1cm

毛蟲鞋塞除臭包/玩偶

材料：

絨布	24×24cm（身）
不織布	3.5×4cm（嘴）
愛心型	2個
香料	少許
棉花	少許

完成品：　9×22cm

＊可依鞋子大小、鞋筒長度、而調整長度

毛蟲作法：

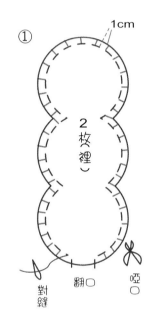

① 1cm

2枚裡）

對縫
翻口
啞口

②

塞入棉花、香料

＊貼嘴、縫眼睛
喉頭、貼眼淚

青蛙鞋塞除臭包/玩偶

材料：

絨布	20×21cm（身）
小花	4朵
香料	少許
棉花	少許

完成品： 10.5×20cm（長）

青蛙作法：

（一）頭

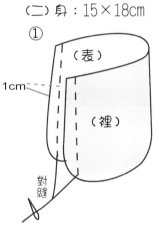

① 1cm
2枚裡
對縫　翻口　啞口

材料：

絨布	30×30cm（身）
不織布	6×9cm（臉）
小花	2朵
香料	少許
棉花	少許

完成品： 12×27cm（長）

② （表）　塞入棉花

＊黏眼睛、酒渦

（二）身：15×18cm

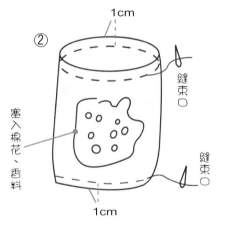

① （表）　1cm　（裡）　對縫

② 1cm　縫束口　塞入棉花、香料　縫束口　1cm

③

組合：頭與身互黏

猴子作法：

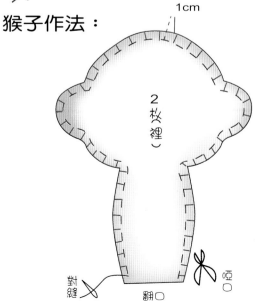

1cm
2枚裡
對縫　翻口　啞口

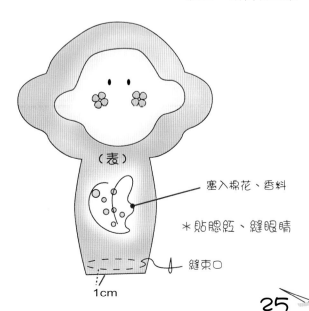

（表）

塞入棉花、香料

＊貼腮紅、縫眼睛

縫束口

1cm

25

名片娃娃

芳香布娃娃　紙型 _p.140

名片名牌娃娃

生活小智慧

在名牌娃娃背面縫上名牌並可別上別針，或加上鑰匙圈，作為識別。名片娃娃盒則可放置名片於前方盒子內，既美觀且實用。

名牌娃娃

15cm

15cm

9cm

9cm

14cm

12cm

香草小妙用-玫瑰

以花瓣冷浸精製而成的精油能帶給女性自信心，提振開朗心情，為最受大眾喜愛的女性精油。

27

名牌娃娃（女生）

材料：

毛線	少許
小花	1朵
胚布	20×30cm
亮片	少許
花邊	20cm
花色棉布	20×10cm
花形小珠	5個
香料	少許
棉花	少許

完成品：15×9cm

作法：

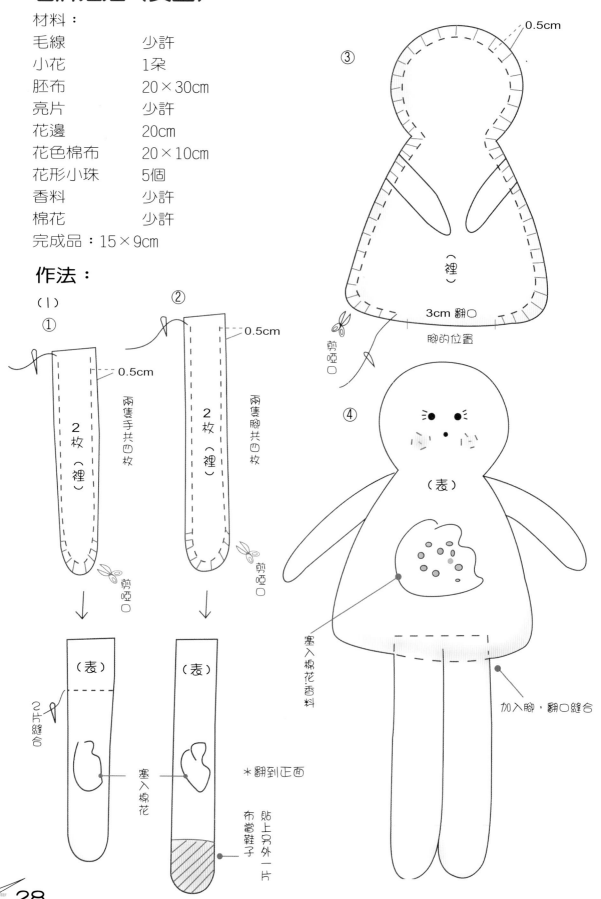

（1）

① 兩隻手共四枚 2枚（裡） 0.5cm 剪牙口

（表）2片縫合 塞入棉花

② 兩隻腳共四枚 2枚（裡） 0.5cm 剪牙口

（表）塞入棉花 ＊翻到正面 貼上另外一片布當鞋子

③ （裡） 0.5cm 3cm 翻口 腳的位置 剪牙口

④ （表）塞入棉花.香料 加入腳，翻口縫合

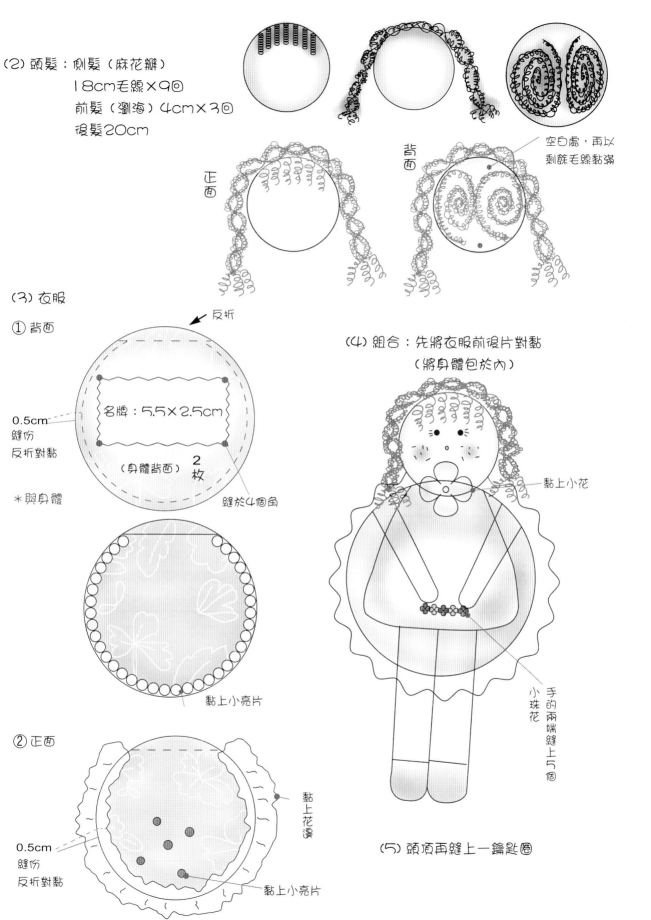

（2）頭髮：側髮（麻花瓣）

18cm毛線×9回

前髮（瀏海）4cm×3回

後髮20cm

正面

背面

空白處，再以
剩餘毛線黏滿

（3）衣服

① 背面

反折

0.5cm
縫份
反折對黏

名牌：5.5×2.5cm

（身體背面）2枚

＊與身體

縫於4個角

黏上小亮片

② 正面

0.5cm
縫份
反折對黏

黏上花邊

黏上小亮片

（4）組合：先將衣服前後片對黏

（將身體包於內）

黏上小花

小珠花

手的兩端縫上5個

（5）頭頂再縫上一鑰匙圈

名牌娃娃（男）

材料：

毛線	少許
小花	1朵
胚布	20×30cm
小飾物	1個
別針	1個
香料	少許
棉花	少許

完成品：15×9cm

作法：

(1) 頭：同名牌娃娃（女）P28
(2) 頭髮：4cm×3回×10個

(3) 手、腳：同名牌娃娃
(4) 衣服：

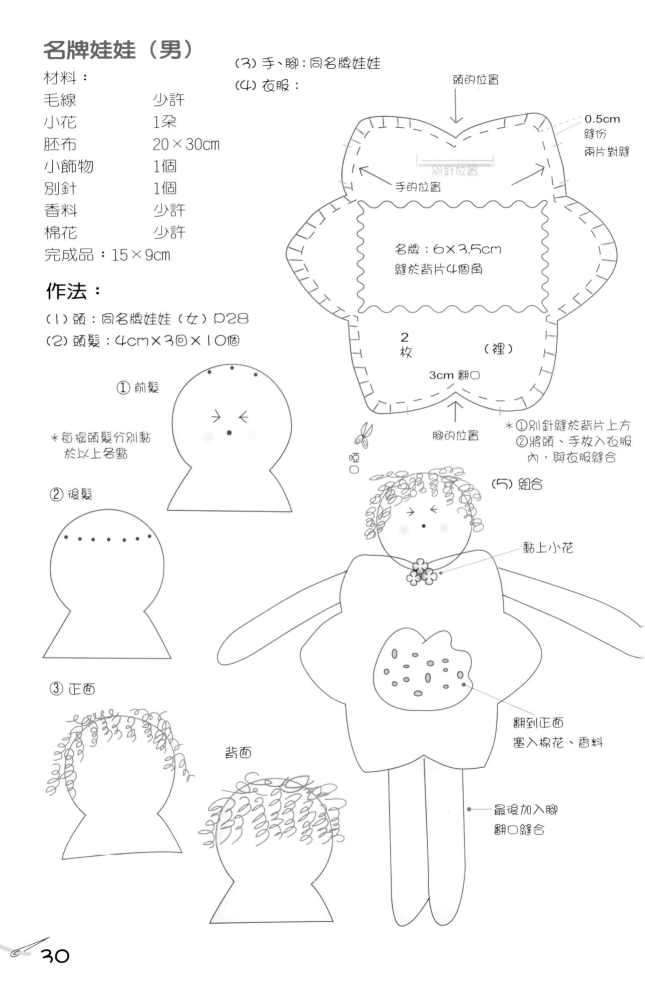

頭的位置

0.5cm
縫份
兩片對縫

別針位置

手的位置

名牌：6×3.5cm
縫於背片4個角

2枚 （裡）

3cm 翻口

腳的位置

* ①別針縫於背片上方
  ②將頭、手放入衣服
    內，與衣服縫合

① 前髮

*每撮頭髮分別黏
  於以上各點

② 後髮

③ 正面

背面

(5) 組合

黏上小花

翻到正面
塞入棉花、香料

最後加入腳
翻口縫合

兔子名片盒

材料：

胚布	15×25cm
LACE蕾絲	10cm（領口）
棉質花布	11×46cm（裙）
棉質花布	22×11cm（名片盒）
硬紙板	11×9cm（可以錄音帶盒代替）
魔鬼黏	5cm
棉花	少許
香料	少許

完成品：14（高）×12cm（寬）

作法：

（1）身體

① 2枚（裡）翻口 對縫

② （表）塞入棉花.香料 0.5cm

③ 底部：黏成長方形 蝴蝶結

（2）裙：11×46cm

① （裡）折目縫 0.5cm縫份 0.5cm縫份

② （表）（裡）左右對縫

③ （表）縫皺折 1.3cm縫份

④

（3）組合

花邊黏於頸口
裙子黏於花邊下方
花邊下方

（4）手

① 翻口 2枚（裡） 共4枚 對縫 啞口

② （表）翻到正面

（5）腳

① 翻口 （裡） 2枚 對縫 啞口

② （表）翻到正面

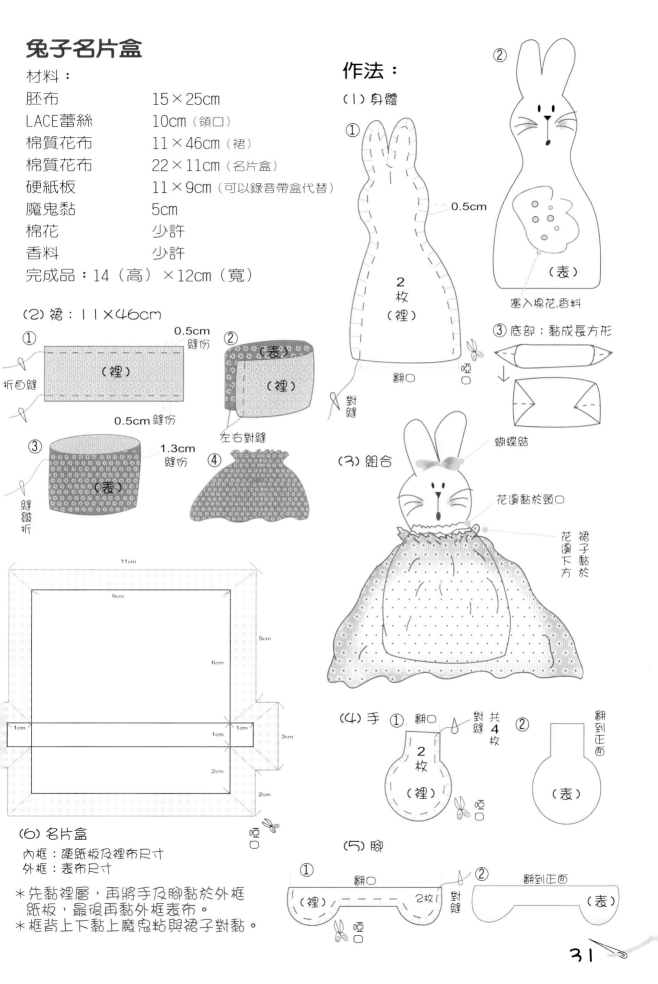

11cm
9cm
5cm
6cm
1cm 1cm 1cm
3cm
2cm
2cm
2cm

（6）名片盒

內框：硬紙板及裡布尺寸
外框：表布尺寸

＊先黏裡層，再將手及腳黏於外框
　紙板，最後再黏外框表布。

＊框背上下黏上魔鬼粘與裙子對黏。

芳香布娃娃　紙型 _p.126

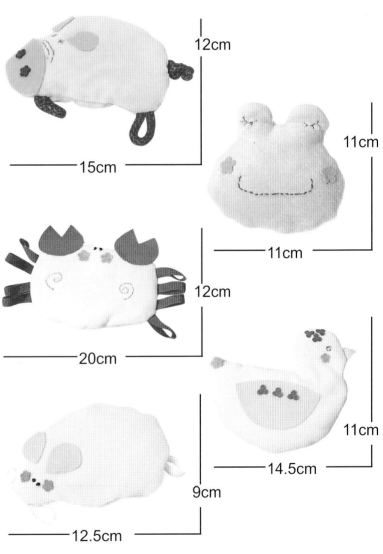

●滑鼠墊

生活小智慧

保護手腕─裡層填充粒可依手腕
關節調整。

12cm

15cm

11cm

11cm

12cm

20cm

9cm

11cm

14.5cm

12.5cm

香草小妙用-番紅花

具鎮定、促進消化、增加心
脾功能、調整女性生理不
順、養顏、生津，孕婦不宜
飲用。

33

青蛙MOUSE墊

材料：

絨布	12×26cm不織布
小花	2朵
香料	少許

完成品：11×11cm

螃蟹MOUSE墊

材料：

絨布	17×24cm（身）
小花	2朵
不織布	5×9cm（螯腳）
緞帶	72cm（腳）
香料	少許
眼珠	2顆

完成品：12×20cm（寬）

小雞MOUSE墊

材料：

絨布	16×30cm
不織布	4.5×8cm（嘴、翅）
小花	8朵
香料	少許

完成品：11×14.5cm（寬）

螃蟹作法：

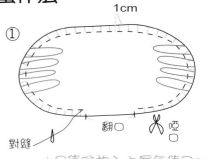

＊8隻腳放入內層每隻7cm

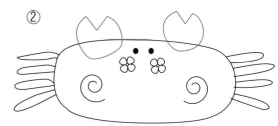

＊貼上螯角、小花，縫眼珠、酒渦

青蛙作法：

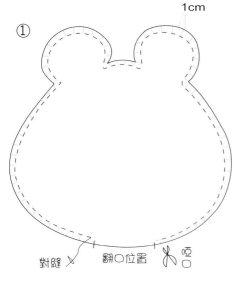

＊縫眼睛、嘴巴
貼腮紅

小雞作法：

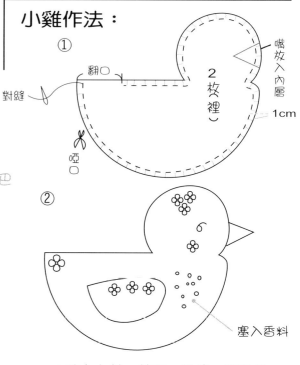

＊貼上小花、葉子、翅膀，縫眼睛

小豬MOUSE墊

材料：

絨布	15×22cm
不織布	2.5×4cm
小花	2朵
棉線	25cm（腳、尾）
香料	少許

完成品：12×15cm（寬）

老鼠MOUSE墊

材料：

絨布	14×22cm（身）
不織布	3×5cm（耳朵）
小花	2朵
鞋帶	6cm（尾）
香料	少許
眼珠	2個

完成品：9×12.5cm

小豬作法：

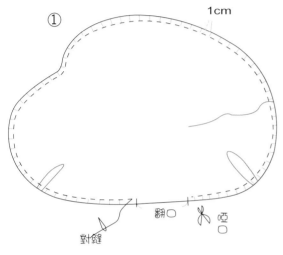

① 1cm

② 塞入香料

＊貼耳朵、嘴、鼻子，縫鬍紋、眼睛

對縫　翻口　啞

＊將尾巴（12cm）
　腳（各7cm）放入內層

老鼠作法：

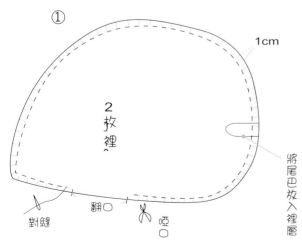

① 1cm

2枚裡

將尾巴放入裡層

對縫　翻口　啞

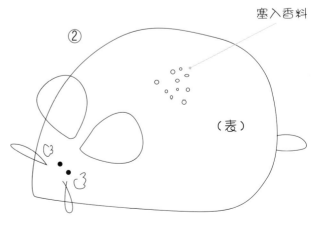

② 塞入香料

（表）

＊貼耳朵、小花，縫鬍子、眼珠

動 物 眼 枕

生活小智慧

於布偶內填入亞麻籽精油的填料，具有舒緩眼壓的功效。新娘新郎香枕兼具裝飾、賀禮、芳香枕的功能。

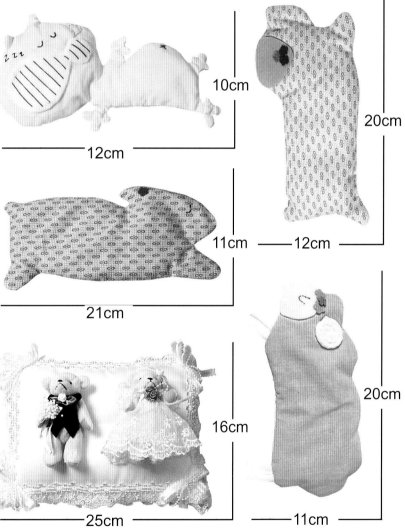

10cm

12cm

20cm

11cm — 12cm

21cm

16cm

20cm

25cm

11cm

香草小妙用–香蜂草

可治療神經系統失調疾病、增強腦力、解除焦慮、防止老化、消除胃脹氣，治療失眠、緩和氣喘、調節生理疾病、快速止血、皮膚殺菌、防止落髮。

小貓眼枕

材料：

素色棉布	26×22cm
白色不織布	4×7cm（嘴）
香料	少許

完成品： 10×12cm（長）

小狗眼枕

材料：

花色棉布	13×21cm
裡布	13×21cm
不織布	5×5cm
小花	3朵
香料	少許

完成品： 12×20cm（長）

小兔眼枕

材料：

花色棉布	26×22cm（身）
裡布	4×7cm（嘴）
小花	1朵
香料	少許

完成品： 11×21cm（寬）

綿羊眼枕

材料：

素色棉布	30×30cm（身）
裡布	6×9cm（臉）
白棉線	20cm
鞋帶	16cm
小花	3朵
白色不織布	4×4
香料	少許

完成品： 20×11cm（長）

小貓作法：

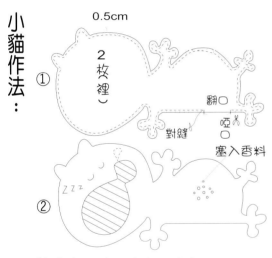

① 0.5cm　2枚（裡）　翻口　啞　對縫　塞入香料

②

＊縫眼睛、Z字、泡泡、肚臍、
　貼嘴巴、縫牙齒

小狗作法：

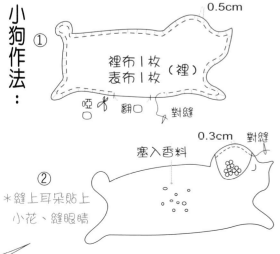

① 0.5cm　裡布1枚（裡）　表布1枚　啞　翻口　對縫

② 0.3cm　對縫　塞入香料

＊縫上耳朵貼上
　小花、縫眼睛

小兔作法：

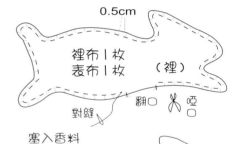

① 0.5cm　裡布1枚　表布1枚　（裡）　對縫　翻口　啞　塞入香料

②

＊縫眼睛、
　貼小花

綿羊作法：

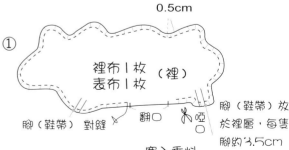

① 0.5cm　裡布1枚　表布1枚　（裡）　腳（鞋帶）對縫　翻口　啞　腳（鞋帶）放
於裡層，每隻
腳約3.5cm

② 塞入香料　（表）

＊貼上臉、
　花、角。
　縫眼睛

小熊新娘/新郎香枕（結婚賀禮）

材料：

小熊2隻	秀士布（亦可綢、緞取代）
	30cm（枕墊）
黑色棉布	15×10cm
綯褶花邊LACE	200cm（枕墊2層）
緞帶	100cm（枕墊1層）
三層蝴蝶結	4個（可自己作亦可買到現成的）

魔鬼貼	4cm
寬幅（8cm）LACE	45×7cm（新娘外裙）
捧花	1朵（可自己作）
小花	2朵（新娘頭花，新郎領結）
小蝴蝶結	1朵（新娘胸前-可自己作）
網紗	45×7cm（新娘篷紗裙）
棉花、香料	少許

完成品：25cm（寬）×20cm（深）×16cm（高）

香枕作法：

（一）枕墊

①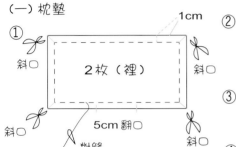

斜口　斜口　斜口　斜口　2枚（裡）　1cm　5cm翻口　對縫

②
（表）

塞入棉花、香料翻口縫合

③ 翻照正面後縫上三層LACE由最下層開始往上，一層一層縫（亦可用黏）

④ 4個角落再黏上4朵3層蝴蝶結

⑤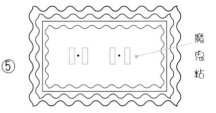
（表）魔鬼粘

a.中間（3等分）再縫上2點（由上往下縫）會形成2點凹處。

b.凹處2側在縫上魔鬼粘，給小熊黏上站立（亦可以縫的方式將小熊與枕墊縫合）

（二）新娘裙

① 裡裙12×6cm
（裡）　自縫　反折　0.5cm縫份

② 0.5cm縫份　（表）（裡）　對縫

③ 翻到正面，黏於熊身上（腋下）

④ 篷裙（紗裙）45×7cm（寬）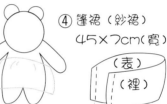
（表）（裡）　對縫

⑤ 0.5cm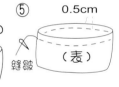
（表）　縫皺

⑥
（表）

⑦ 將紗裙再黏在內裙上面

⑧ 外裙：45×7cm（寬）做法同紗篷裙

＊亦可將紗裙與外裙2片一起對縫，再縫綯褶，最後再黏在內裙上面。

⑨ 將外裙黏在紗裙上面

（三）頭紗：8×7cm LACE

①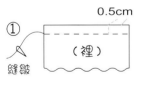
0.5cm　（裡）　縫皺

② 黏於小熊新娘後腦上縫線再黏上小花蕊裝飾。

（四）新娘胸花

① 作一3層蝴蝶結

② 作一束花（5朵小花黏成）黏在蝴蝶結上。

（五）新郎背心

①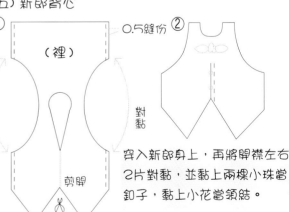
（裡）　0.5縫份　②　對黏　剪開

穿入新郎身上，再將開襟左右2片對黏，並黏上兩棵小珠當釦子，黏上小花當領結。

（六）新郎捧花

將小花蕊集成一束，外面包上紗網，下方再用緞帶綁起來。

拖鞋信插置物袋

生活小智慧

利用飯店房內之拖鞋，縫上填有香
精、香草的布娃娃，製作成可愛的
信插或置物袋。

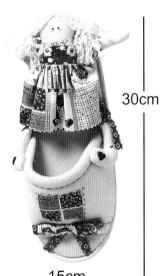

30cm

15cm

30cm

10cm

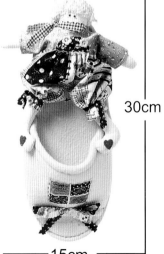

30cm

15cm

香草小妙用-薰衣草

適用範圍：鎮靜、淨化空氣
；可以平衡中樞神經、淨化
精神與安眠的效果。

41

兩小無猜拖鞋信插/置物袋（女） 拖鞋作法：

材料：

棉線	少許
胚布	22×22cm（頭、身、手、腳）
木釦	2個
花色棉布	15×17cm（衣服）
花色棉布	10×30cm（裙）
花色棉布	5×4cm（前襟）
花色棉布	1×90cm（蝴蝶結）
棉花	少許
香料	少許
拖鞋	1隻（可取自飯店客房內拖鞋）

完成品：15×30cm（長）

(1) 鞋子：

① 將鞋前方開口縫合，並縫上蝴蝶結。
② 剪下一圖案，縫於鞋面中心，外圈可在加縫一圈隔針縫。（遮去飯店名稱）
③ 鞋面開口再縫一圈隔針縫裝飾
④ 鞋跟打一個洞，可掛在釘子或掛鉤上。

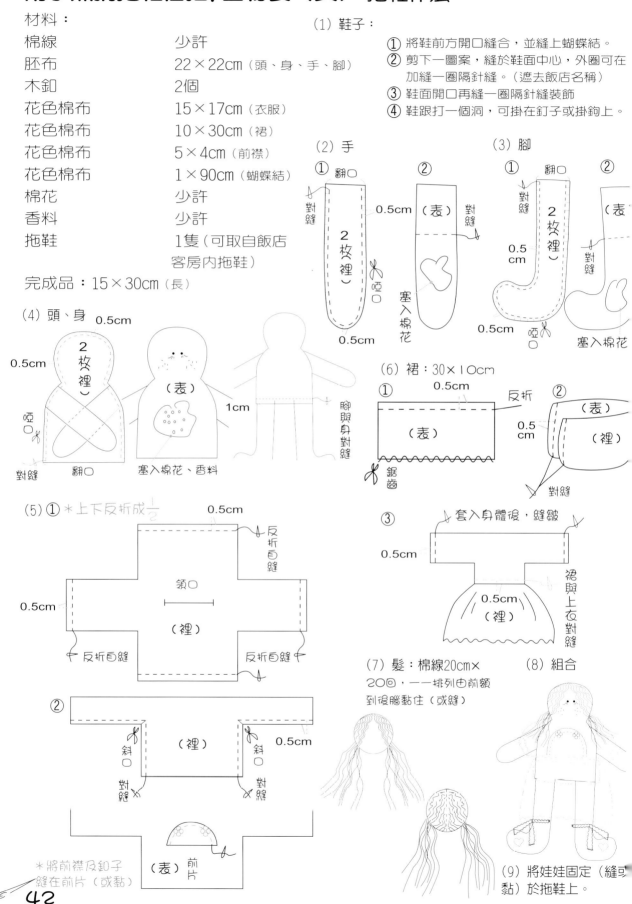

(2) 手

(3) 腳

(4) 頭、身

(6) 裙：30×10cm

(5)① ＊上下反折成 $\frac{1}{2}$

(7) 髮：棉線20cm×20回，一一排列由前額到後腦黏住（或縫）

(8) 組合

(9) 將娃娃固定（縫或黏）於拖鞋上。

＊將前襟及釦子縫在前片（或黏）

42

兩小無猜拖鞋信插/置物袋（男）

材料：

棉線	少許
胚布	22×22cm
花色棉布	15×17cm（上衣）
花色棉布	4×5cm（前襟）
花色棉布	10×30cm（褲子）
花色棉布	1×90cm（蝴蝶結）
花色棉布	1×15cm（領巾）
棉花	少許
香料	少許

完成品：15×30cm（長）

拖鞋作法：

（1）身體、手腳：與置物袋（女）同
（2）上衣：與置物袋（女）同
（3）鞋子：與置物袋（女）同

（一）褲子：

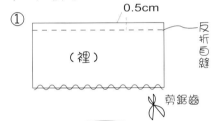

① （裡） 0.5cm 反折包縫 剪鋸齒

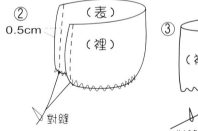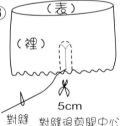

② （表）（裡） 0.5cm 對縫
③ （表）（裡） 對縫 5cm 對縫後剪開中心線，在翻到正面

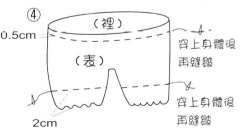

④ （裡）（表） 0.5cm 穿上身體後再縫皺 穿上身體後再縫皺 2cm

（二）髮：3cm×15段
　　每段以縫線纏好，再一段一段黏於頭
　　上（不規則、不同方向黏貼）

小熊情侶拖鞋香包/置物袋

材料：

小熊玩偶	2隻（可用其他玩偶代替）
珠鍊	24cm（蝴蝶結）
緞帶	10cm（吊帶）
緞帶	12cm（鞋跟裝飾）
小花	2朵
花色棉布	12×20cm（香包袋、亦可買現成的）
室內拖鞋	1隻（以飯店或飛機上贈予拖鞋）
花色棉布	（有圖案的）少許
緞帶	40cm（香包袋繩子）
香料	少許

完成品：10×30cm（長）

情侶拖鞋作法：

（1）鞋子：① 剪一圖案遮蓋拖鞋鞋面中心HOTEL名稱，
　　　　　　　亦可裝飾。
　　　　　② 鞋面空白處，可SHOW上個人想要的字母。
　　　　　③ 鞋面口可以條狀圖案裝飾。
　　　　　④ 鞋跟中心點，縫上緞帶作吊鉤。
　　　　　⑤ 鞋跟可以花案緞帶裝飾。

（2）小熊：① 小熊頭上貼上各1朵小花。
　　　　　② 剪下心型圖案，縫一心型，中間塞棉花
　　　　　　 或香料並固定在小熊2手中間。
　　　　　　（亦可用各裝飾取代）
　　　　　③ 以珠鍊作一蝴蝶結，固定在2隻小熊手中間。
　　　　　④ 將小熊固定在鞋子上。

（3）香包袋：參考試範作法。

（三）組合：

＊可作為情人節或結
婚賀禮，鞋內可放香
包袋，亦可放入禮
物，平日亦可拿起香
包袋將前端鞋口縫
合，當置物袋。

窗　　飾

生活小智慧

為單調的窗戶窗簾加點裝飾，或利用
吸盤將布娃娃吸黏在玻璃窗上。

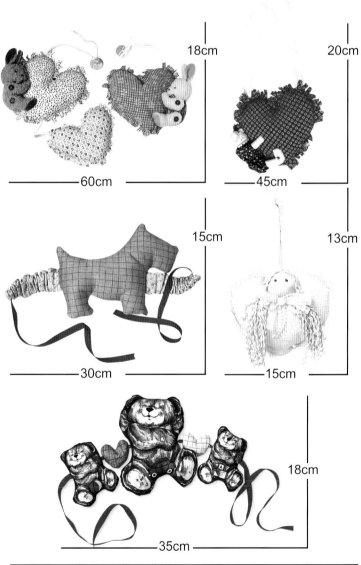

18cm

20cm

60cm

45cm

15cm

13cm

30cm

15cm

18cm

35cm

香草小妙用-紫羅蘭

強肝解宿醉，抗菌、催情、
止咳、利尿、催吐、化痰、
輕瀉、鎮靜。保護支氣管，
有益呼吸道、傷風感冒。

45

窗戶吊飾娃娃/新型娃娃

材料：

膚色針織布	10×10cm
眼珠	2個
黃絲邊	45cm
3層蝴蝶結	1個
棉線	少許
小花	1朵

完成品：15×13cm

吊飾娃娃作法：

(一)臉：同衣櫥芳香娃娃P118

(二)髮：30cm×6條（等於18小條）

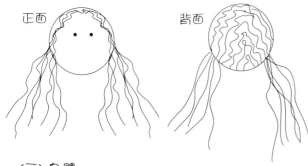

正面　　　　背面

(三)身體：

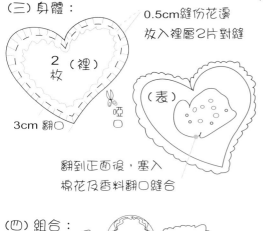

0.5cm縫份花邊
放入裡層2片對縫

2枚（裡）

3cm 翻口

（表）

翻到正面後，塞入
棉花及香料翻口縫合

(四)組合：

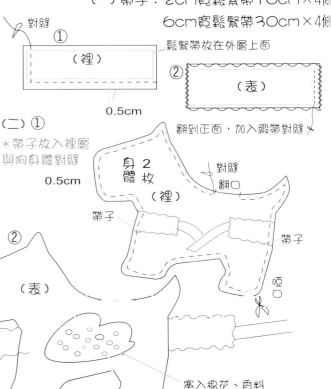

小狗窗簾鉤帶

材料：

格子棉布	22×36cm（狗、正面）
素色棉布	22×36cm（狗、背面）
花色棉布	30×24cm（帶子）
棉花	少許
香料	少許
緞帶	80cm
鬆緊帶	40cm×2cm（寬）

完成品： 30×15cm（高）

小熊窗簾鉤帶

材料：

棉花	少許
香料	少許
花色棉布	少許（依花樣而定）
緞帶	180cm
小珠子	8個

完成品：35×18cm（高）

作法：依各人所有棉布上之圖樣，按圖案剪下，
　　　　2片對縫。做法同小狗窗簾鉤帶。

小狗窗簾作法：
　　(一)帶子：2cm寬鬆緊帶10cm×4條
　　　　　　　6cm寬鬆緊帶30cm×4條

① （裡）

鬆緊帶放在外層上面

② （表）

0.5cm

(二)①

＊帶子放入裡層
與狗身體對縫

0.5cm

翻到正面，加入緞帶對縫

身體 2枚 （裡）

對縫
翻口

帶子

帶子

②

（表）

塞入棉花、香料

＊可兩隻狗相對或2隻同方向

小兔心形窗飾

材料：

小兔子	2隻（或其他現成玩偶）
花色棉布	16×30cm（小愛心形）
	40×40cm（大愛心形）
鞋帶	80cm
吸盤	2個
棉花	少許
香料	少許
完成品：	18×60cm（寬）

心形小兔窗簾鉤帶

材料：

棉花	少許	香料	少許
小花	4朵	鞋帶	200cm
花色棉布	40×40cm（心形）		
胚布	45×45cm（耳、身、手、腳）		
花色棉布	25×18cm（連身褲）		
花色棉布	5×10cm（內耳）		
花色棉布	5×1cm（蝴蝶結）		
LACE蕾絲	80cm（領口）		
完成品：	20×45cm（寬）		

小兔作法：

（一）心形（大、小）

① 花邊一60cm×3cm寬（大心形）
　　　一50cm×2cm寬（小心形）

心形小兔作法：

（1）花邊：3×60cm（長）做法同小兔心形窗飾，但花邊為2層。

（2）心形：做法同小兔心形窗飾。

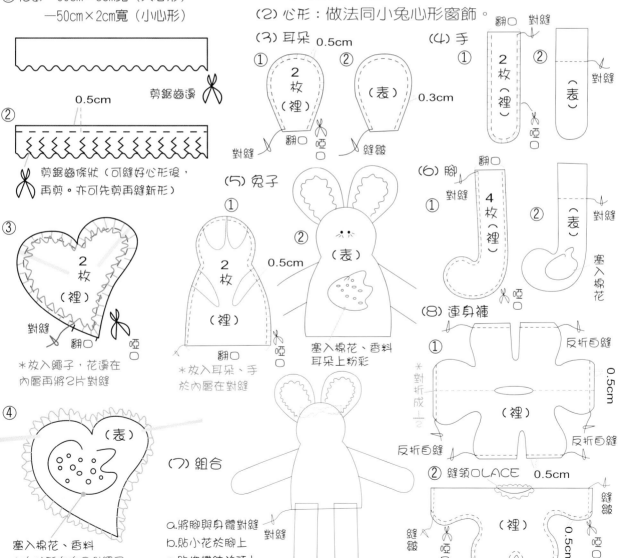

（3）耳朵　0.5cm

（4）手

（5）兔子

（6）腳

（7）組合
　a.將腳與身體對縫
　b.貼小花於腳上
　c.貼蝴蝶結於頭上
　d.腳上貼上裝飾小花

（8）連身褲

47

小提帶●

●手機帶

●便當帶

● 便當束口袋

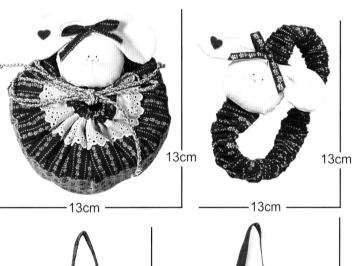

動物袋

生活小智慧

在縫紉好的袋子，外縫上芳香娃娃，兼具實用與美觀。也將芳香一起〝袋著走！！

13cm

13cm

13cm

13cm

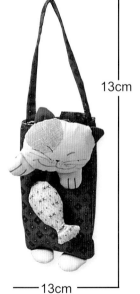

13cm

13cm

13cm

13cm

香草小妙用-洋甘菊

具有舒緩神經及安定消化系統，適合餐後睡前飲用，亦可以泡澡紓解壓力。通常與迷迭香、菩提、香蜂草混合使用。

49

小兔便當圓形袋子

材料：

胚布	18×17cm（頭、耳）
LACE蕾絲	3×60cm（領口）
花色棉布	30×90cm（袋子底＋框）
花色棉布	30×90cm（袋子底上框）
繩子	60cm×2條（袋子縮口）
棉花	少許
香料	少許
泡綿	14cm×14cm

完成品：18cm（直徑）×9cm高

＊可自行變換成長方形袋子

小兔袋子作法：

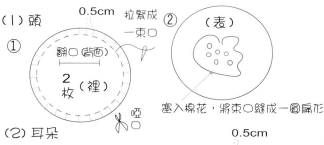

（1）頭
①
翻口（背面）
2枚（裡）
0.5cm
拉緊成一束口
②（表）
塞入棉花，將束口縫成一圓扁形

（2）耳朵
①（裡）
翻口（背面）
0.5cm
②（表）
翻口縫合，再黏於頭上，並裝飾蝴蝶結及小花

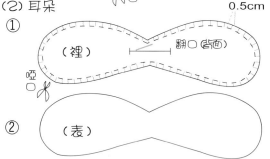

（3）內袋

① 底：直徑14cm
1枚（裡）
與框對縫
0.5cm

② 框：60×7cm＋60×9cm
上下兩片對縫
（裡）
9cm
7cm
0.5cm

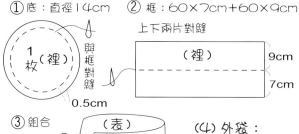

③ 組合
a. （表）（裡）
與底對縫
0.5cm
b.
0.5cm
（裡）
對縫
並翻到正面

（4）外袋：
做法同內袋，
但於袋口處縫
LACE 60cm。

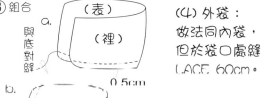

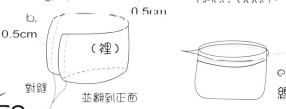

毛小熊提袋

材料：

花色棉布	少許
緞帶（或繩子）	32cm
棉花	少許
香料	少許
暗鈕	一個

完成品：熊14×12cm（寬）

小熊作法： 依各人所有圖案棉布，剪下圖形，塞入棉花、香料身體部份留空位，不塞棉花當袋子，頸口加蝴蝶結

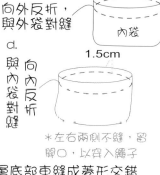

塞入棉花、香料

暗鈕

（5）內外袋組合：
a.外帶底部放上圓形泡綿
b.內袋套入外帶中（內袋：表面向內，外袋：表面向外）
c.
1.5cm
向外反折，
與外袋對縫
內袋
d.
1.5cm
與內袋對縫
向內反折

＊左右兩側不縫，留開口，以穿入繩子

e.兩層底部車縫成菱形交錯線，加強底部厚實感
f.穿入2條繩子

（表）（裡）
（裡）（表）

（6）組合：

50

貓咪手機袋

材料：

胚布	14×17cm（頭、手、腳）
素色棉布	4×4cm（耳）
古布	4×4cm（斑紋）
格子布	15×9cm（外袋）
格子布	15×9cm（內袋）
格子布	4×25cm（掛袋）
格子布	8×10cm（扣帶）
泡綿	15×9cm
釘釦	1個（或暗釦）
繩子	4cm（魚線）
棉花	少許　香料　少許
花色棉布	8×8cm（小魚）

完成品：25×7cm（寬）

小兔便當帶子

材料：

胚布	14×17cm（頭、耳）
花色棉布	115×8cm（袋子）
鬆緊帶	3×25cm
棉花	少許
香料	少許

完成品： 13×10cm（寬）

手機袋作法： （一）小魚 ＊大小SIE依各手機大小而定

① 放入繩子在內層
2枚（裡）
翻　對縫　啞

② （表）

翻正面塞入香料、棉花

便當帶作法：

（一）兔子：
同小兔便當袋子

（二）帶子

① 0.5cm
（裡）
上下對縫

② （裡）
鬆緊帶放在外面左端，將鬆

③ 緊帶與帶子縫合
（表）

翻到正面

左右兩端對縫

④
將兔子黏在
帶子上

（二）手

翻口　對縫
2枚（裡）
啞
塞入棉花

（表）

縫腳趾

塞入香料、棉花
加入小魚縫合翻口

（三）貓

① 2（裡）枚
對縫　翻口　啞

② （表）

黏上斑塊

a.放入耳朵、手到內層
b.2片對縫，剪啞口

a.翻到正面
b.加入小魚

（四）腳：做法同手，腳畫趾紋

（五）內袋：15×9cm×2枚＋泡綿15×8cm

① 1枚（裡）
裡布與泡綿對縫

② 翻口
2枚（裡）
前後2片0.5cm
對縫
往外反折

③ 1cm
（表）
斜口

1cm　0.5cm

（六）外袋：15×9cm×2枚（不加泡綿）

① 2枚（裡）
對縫
1cm
放入腳於內層
啞

② 1cm
前片縫暗釦
（表）
往內反折
對縫

（七）吊帶：4×25cm

① 1cm
上下反折成½

② 反折成½　對縫

（八）釦帶：8×10cm
做法同吊帶，但裡層縫
暗釦（可與袋身互釦）

（九）組合

① 2枚（表）

a.b.
內袋正面向內，外袋正面向外，內袋放入外袋內

② 2枚（表）

吊帶放入內外袋袋口
左右反折1cm中間
夾層內對縫

釦帶放入內外袋袋口
前後中間，反折
1cm之夾層內對縫

③ 將貓頭黏在釦帶上

51

毛巾吊環

生活小智慧

利用過時或毀壞包包提把環或傳真紙捲軸，作成可愛實用得毛巾吊環。

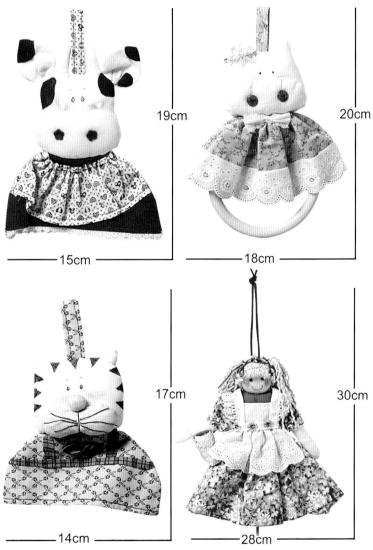

19cm

15cm

20cm

18cm

17cm

30cm

14cm

28cm

香草小妙用－百里香

具殺菌、抗菌作用與除臭的功能，其帶有振奮精神的清香，是一種用途很廣的香草植物。

53

娃娃毛巾架/擦手布掛架

材料：

棉花	少許	香料	少許
小花	4朵	眼珠	2個
棉線	少許（頭髮）		

花色棉布	35×35cm（袖＋裙）
寬版LACE蕾絲	15×13（圍裙）
胚布	13×16cm（手）
傳真紙空捲筒	1隻（20cm長）
皺邊LACE蕾絲	16cm
膚色針織布	8.5×8.5cm（臉）
緞帶	20cm（蝴蝶結）
繩子	20cm（吊繩）
繩子	40cm（掛繩）

完成品：30×28cm（寬）

毛巾架、掛架作法：

（1）臉：8.5cm直徑

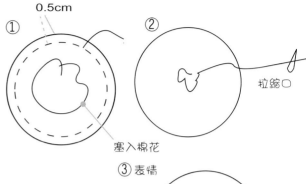

拉縮口

塞入棉花

③表情

（2）髮：

①前髮2cm×20小條　②後髮30cm×12小條（等於36小條）

a.上半部　　a.下半部

③

對折後——黏在後腦一圈

將頭髮抓向兩側綁起來，並黏上蝴蝶結

（3）手：

①　翻口　　　②

對縫

2枚（裡）

0.5cm

對縫

（表）

塞入棉花

（4）身體：

②　（表）

塞入棉花、香料

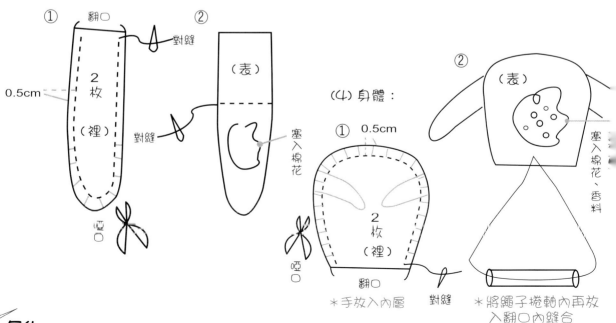

①　0.5cm

2枚（裡）

翻口

對縫

＊手放入內層

＊將繩子捲軸內再放入翻口內縫合

(5) 裙：35cm×7cm（長）

①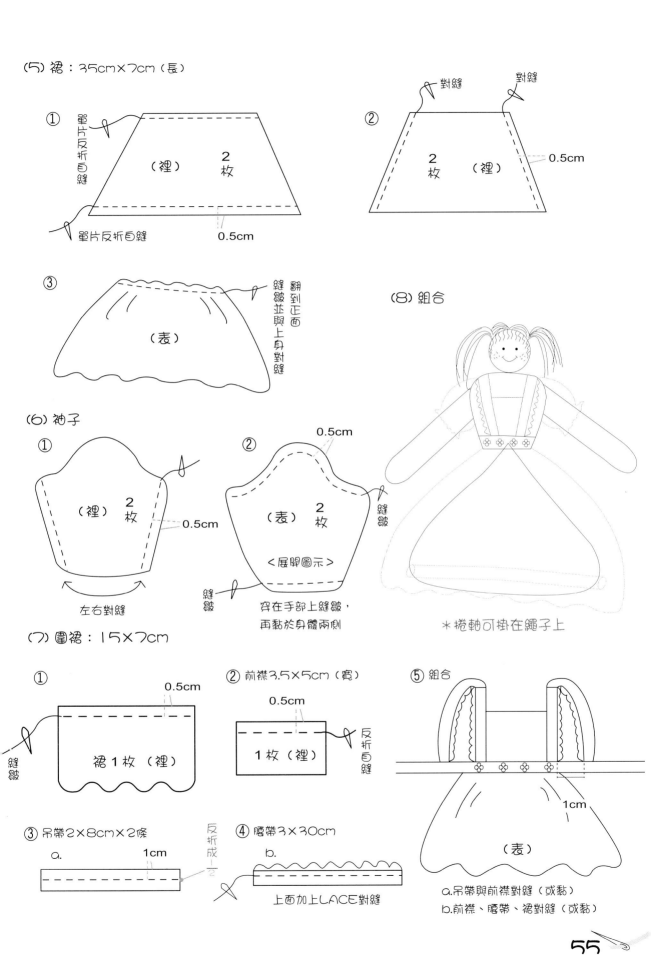

單片反折自縫

（裡）　2枚

0.5cm

單片反折自縫

② 對縫　對縫

2枚　（裡）

0.5cm

③

（表）

翻到正面
縫皺並與上身對縫

(6) 袖子

① （裡）　2枚

0.5cm

左右對縫

② 0.5cm

（表）　2枚

〈展開圖示〉

縫皺

縫皺

穿在手部上縫皺，
再黏於身體兩側

(8) 組合

＊捲軸可掛在繩子上

(7) 圍裙：15×7cm

① 0.5cm

裙1枚（裡）

縫皺

② 前襟3.5×5cm（寬）

0.5cm

1枚（裡）

反折自縫

⑤ 組合

1cm

（表）

③ 吊帶2×8cm×2條

a.

1cm

反折成½

④ 腰帶3×30cm

b.

上面加上LACE對縫

a.吊帶與前襟對縫（或黏）
b.前襟、腰帶、裙對縫（或黏）

55

小豬毛巾環

材料：

胚布	24×24cm（頭）
釦子	2個
毛巾環（皮包把手） 1個	
小花	1個
暗釦	1個
魔鬼粘	2cm
花色棉布	45×12cm（裙、吊帶）
棉花	少許
香料	少許
LACE	45cm×3cm（寬）

完成品：18×20cm（長）

小豬作法：

（1）吊帶4×10cm、內釦帶4×6cm

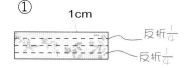

①
1cm
反折 $\frac{1}{2}$
反折 $\frac{1}{2}$

②
反折 $\frac{1}{2}$

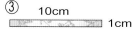

③
10cm   1cm

（2）頭

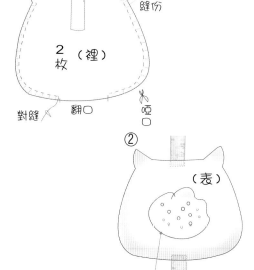

①
吊帶放於內層與頭對縫
0.5cm
縫份
2枚（裡）
對縫   翻口   啞口

②
（表）
翻到正面塞入棉花及香料
加入內釦帶，翻口縫合

（3）鼻子

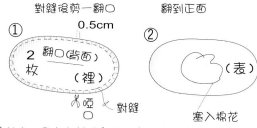

對縫後剪一翻口
0.5cm
① 2枚 翻口（背面） （裡）
啞口   對縫

② 翻到正面
（表）
塞入棉花

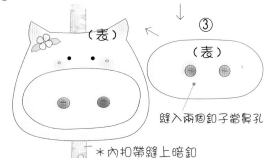

（4）組合：黏上小花及鼻子、畫眼睛、塗腮紅
↓
③
（表）
（表）
縫入兩個釦子當鼻孔
＊內扣帶縫上暗釦

（4）裙子
LACE 45×3cm（寬）
裙　　　45×8cm（寬）

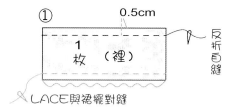

①
0.5cm
1枚（裡）
反折自縫
LACE與裙襬對縫

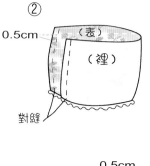

②
0.5cm
（表）
（裡）
對縫

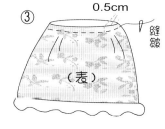

③
0.5cm
縫皺
（表）

④組合
裙子與頭黏合或縫合
毛巾環以內扣帶之暗釦扣住

＊可作一蝴蝶結黏於頸口

老虎毛巾環

材料：

香料	少許
棉花	少許
胚布	22×22cm
緞帶葉子	1朵（領結）
花色棉布	15×18cm（衣）
暗釦	1個

完成品：14×17cm（長）

老虎作法：

(1) 吊帶：頭一作法同小豬毛巾環
(2) 鼻子：直徑2cm圓

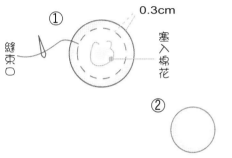

① 0.3cm
縫束口
塞入棉花

② 背面束口多餘之布剪齊黏於臉上

(3) 衣服

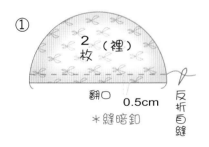

① 2枚 （裡）
翻口 0.5cm 反折自縫
＊縫暗釦

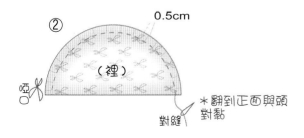

② （裡） 0.5cm
＊翻到正面與頭對黏
對縫

乳牛毛巾環

材料：

胚布	22×22cm（頭）
黑色棉布	5×5cm
小花	2朵
素色棉布	22×15cm
花色棉布	6×20cm
大花朵	1朵
棉花	少許
香料	少許
暗釦	1個

完成品： 15×19cm（長）

乳牛作法：

(1) 吊帶：頭一作法同小豬毛巾環
(2) 衣：同老虎毛巾環
　　　　但下襬加LACE30cm長
(3) 裙：6×20cm寬

① 0.5cm
反折自縫
（裡）

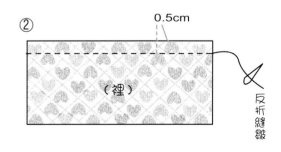

② 0.5cm
（裡）
反折縫皺

③ （表）
固定於頸口

芳香布娃娃　紙型 _p.138_

糖娃娃

生活小智慧

利用塑膠蜜餞罐及紙盒作成糖果罐或
糖包、茶包、咖啡包、奶球盒。

15cm

11cm

18cm

28cm

香草小妙用-甜菊葉

甜度為蔗糖的250倍,可
作為代糖,不影響血糖濃
度,加在花茶中可增加口
感,具降血壓效果。

糖包/咖啡/茶娃娃

材料：

頭髮捲線	少許
緞帶	30cm（頭髮.蝴蝶結）
花形亮片	6個（背心2個.鞋4個）
花邊	30cm（袖口.蝴蝶結）
20cm寬LACE蕾絲	20cm
鞋帶（細皮繩或粗線）	45cm
棉質花邊	70cm（領口.袖口.褲腳）
棉質花邊	52cm（領口.袖口.褲腳）
素色棉布	28×37cm（洋裝）
花色棉布	28×11cm（背心裙）
花色棉布	38×17cm（長褲）
素色古布	15×20cm（鞋）
棉質皺邊花邊	20cm（襪子）
胚布	22×70cm（身體.手.腳）
格子布	24×14cm（置物盒）
魔鬼黏	10cm
鐵絲	15cm
素色棉花	7×4cm（立牌）
置物紙盒	（11cm寬×6.5cm高×7.5cm深）

1個 ＊可隨意利用手邊現有之紙盒

香料	少許
棉花	少許
硬紙板	4×4cm（立牌）

完成品：18高×28cm寬×16cm深

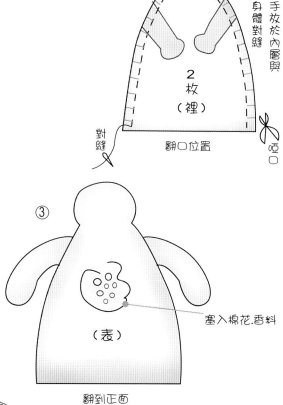

② 0.5cm 縫份
身體對縫
手放於內層與身體對縫
2枚（裡）
對縫
翻口位置

③ （表）
塞入棉花.香料
翻到正面

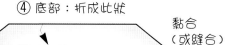

④ 底部：折成此狀
黏合（或縫合）
尖角向內折縫合（或黏合）

⑤
將腳縫於底部

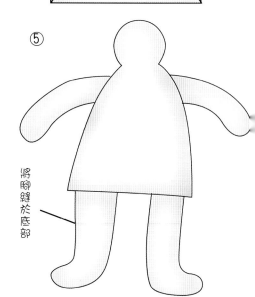

作法：

（Ⅰ）身體

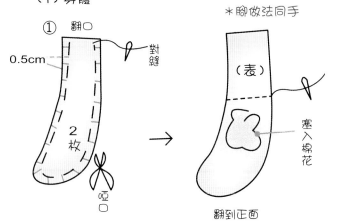

① 翻口
0.5cm
對縫
2枚
啞口

＊腳做法同手
（表）
塞入棉花
翻到正面

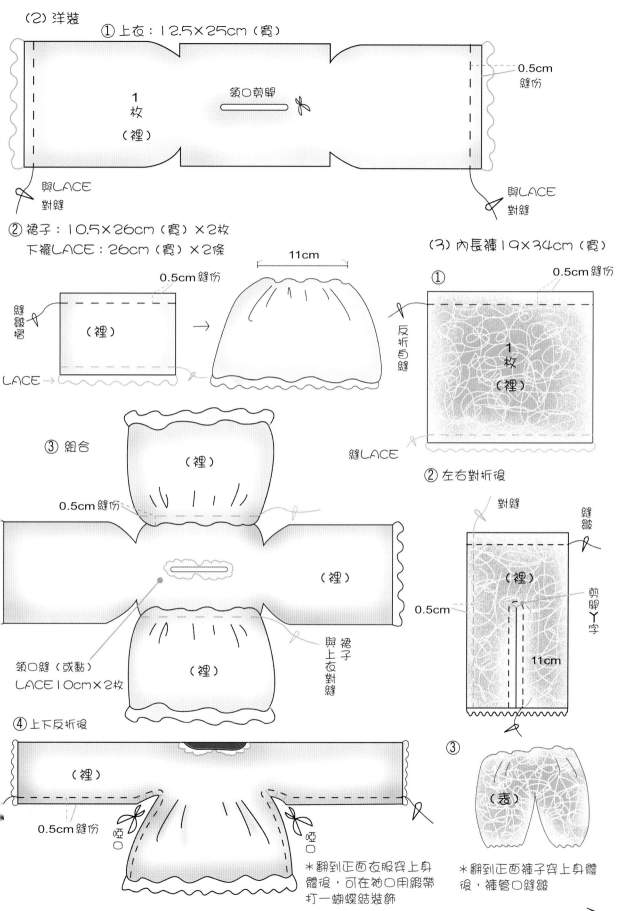

（2）洋裝

① 上衣：12.5×25cm（寬）

0.5cm
縫份

1
枚
（裡）

領口剪開

與LACE
對縫

與LACE
對縫

② 裙子：10.5×26cm（寬）×2枚
下襬LACE：26cm（寬）×2條

縫摺
摺

0.5cm縫份

（裡）

LACE →

11cm

（3）內長褲19×34cm（寬）

0.5cm縫份

反折自縫

1
枚
（裡）

縫LACE

② 左右對折後

③ 組合

（裡）

0.5cm 縫份

（裡）

領口縫（或黏）
LACE10cm×2枚

（裡）

與裙子與上衣對縫

對縫

縫摺

（裡）

0.5cm

剪開丫字

11cm

④ 上下反折後

（裡）

0.5cm縫份

啞口

啞口

＊翻到正面衣服穿上身
體後，可在袖口用緞帶
打一蝴蝶結裝飾

③

（表）

＊翻到正面褲子穿上身
體後，褲管口縫皺

61

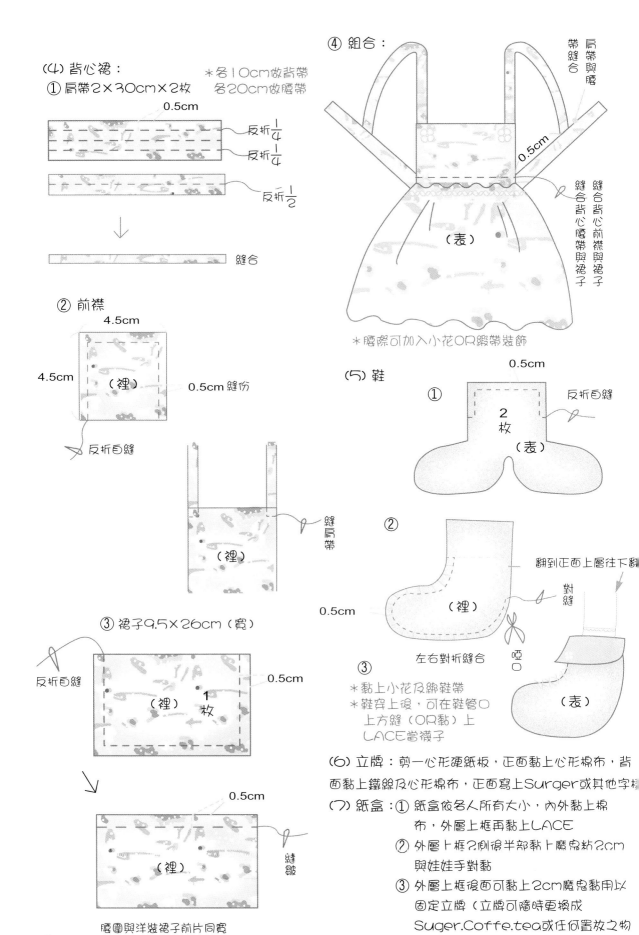

(4) 背心裙：
① 肩帶2×30cm×2枚　　＊各10cm做背帶
　　　　　　　　　　　　各20cm做腰帶

0.5cm

反折¼
反折¼

反折½

↓

縫合

② 前襟

4.5cm

4.5cm

（裡）

0.5cm 縫份

反折自縫

（裡）

縫肩帶

③ 裙子9.5×26cm（寬）

反折自縫

0.5cm

（裡）
1枚

↓

0.5cm

（裡）

縫皺

腰圍與洋裝裙子前片同寬

④ 組合：

帶縫合　肩帶與腰

0.5cm

縫合背心腰帶與裙子　縫合背心前襟與裙子

（表）

＊腰際可加入小花OR緞帶裝飾

(5) 鞋

0.5cm

① 　2枚　（表）　反折自縫

② 　（裡）　翻到正面上層往下翻　對縫

0.5cm

左右對折縫合　啞口　（表）

③ ＊黏上小花及綁鞋帶
　＊鞋穿上後，可在鞋管口
　　上方縫（OR黏）上
　　LACE當襪子

(6) 立牌：剪一心形硬紙板，正面黏上心形棉布，背
面黏上鐵絲及心形棉布，正面寫上Surger或其他字樣

(7) 紙盒：① 紙盒依各人所有大小，內外黏上棉
　　　　　　布，外層上框再黏上LACE
　　　　② 外層上框2側後半部黏上魔鬼粘2cm
　　　　　　與娃娃手對黏
　　　　③ 外層上框後面可黏上2cm魔鬼黏用以
　　　　　　固定立牌（立牌可隨時更換成
　　　　　　Suger.Coffe.tea或任何置放之物
　　　　　　品名牌）

糖果罐子

材料：

白膠	少許
塑膠罐	1個（10cm高.直徑10cm）
LACE雷絲	36cm×3條（依空罐尺寸變化）
	（罐蓋口.罐口.罐底個一條）
素色棉布（藍）	35×35cm（依空罐尺寸變化）
素色棉布（粉）	15×15cm
花色棉布	10×10cm×2枚
魔鬼黏	3cm×2枚
香料	少許

完成品：15×11cm

作法： （1）罐蓋與罐底

① 直徑10.5cm一枚，黏於罐蓋頂端，多餘之
0.5cm往下黏於蓋緣

② 2×35cm藍色布，黏於蓋緣
③ 2×35cmLACE，上下端與蓋頂及蓋緣藍布縫合(或黏合)
④ 罐底做法同罐蓋（不加LACE）

（2）糖果口袋

① 上下反折0.5cm
② 左右兩端束緊

繡上Candy字樣

底部黏於罐身

（3）罐身：10×35cm藍布，黏於罐身

①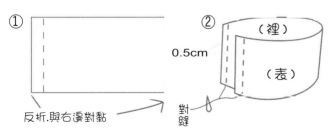

反折.與右邊對黏

② （裡）

0.5cm

（表）

對縫

③

① 上下端黏上2條
LACE裝飾
② 糖果口袋底部黏
於罐身

（4）立體糖果

9×9cm（尾端剪成鋸齒狀）

①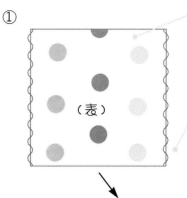

（表）

反折0.5cm
與下方對黏

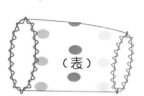

（表）

塞入香料

②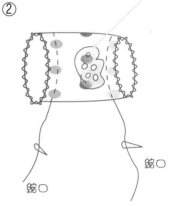

縮口

縮口

③

底部黏魔鬼粘，與罐蓋相黏。（＊可隨意
更換花樣）

＊塑膠與布以白膠黏合，帶白膠乾後可
將布身與罐子分離、清洗

傢飾娃娃

生活小智慧

亦可將現成玩偶衣服內直接放入香包袋。

15cm

15cm

22cm

15cm

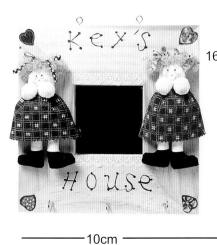

16cm

10cm

12.5cm

5cm

香草小妙用-茉莉

其有花中之王美稱，香味濃郁持久，具有情緒調整，改善憂鬱、鎮靜、放鬆的功能。

＊具通經作用，孕婦請避免使用。

HOUSE
DESIGNING WITH LIGHT
Retail Spaces
Jane
Janet Turner

烘碗機或冰箱門把套　　作法：

材料：

膚色針織布	6×6cm（臉.直徑6cm）
裡布	10×11cm

　（身體：6×10cm.腳：直徑5cm×2枚）

珠鍊	10cm
小花	1朵
文化線	10cm
棉線6股	40cm
填充棉	少許
緞帶	5cm
魔鬼黏	12cm×2枚
棉布	32×25cm
香料	少許
棉花	少許

完成品：娃娃12.5cm（長）×5cm（寬）

門把套：15cm（長）×4cm（寬）

（1）臉

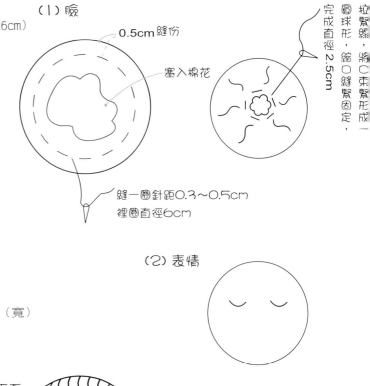

0.5cm縫份
塞入棉花
拉緊線，將口束緊形成一圓球形。縮口縫緊固定，完成直徑2.5cm
縫一圈針距0.3～0.5cm
裡圈直徑6cm

（2）表情

（3）頭髮

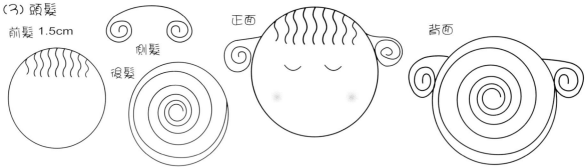

前髮 1.5cm
側髮
後髮
正面
背面

（4）腳：縫法與頭相同，直徑5cm，但拉緊束口時，套入小花及文化線完成約1.2cm

（5）身體

①

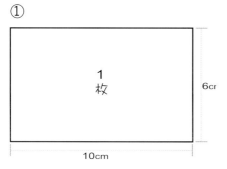

1
枚

10cm

6cm

②

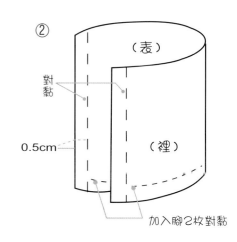

（表）
對黏
0.5cm
（裡）
加入腳2枚對黏

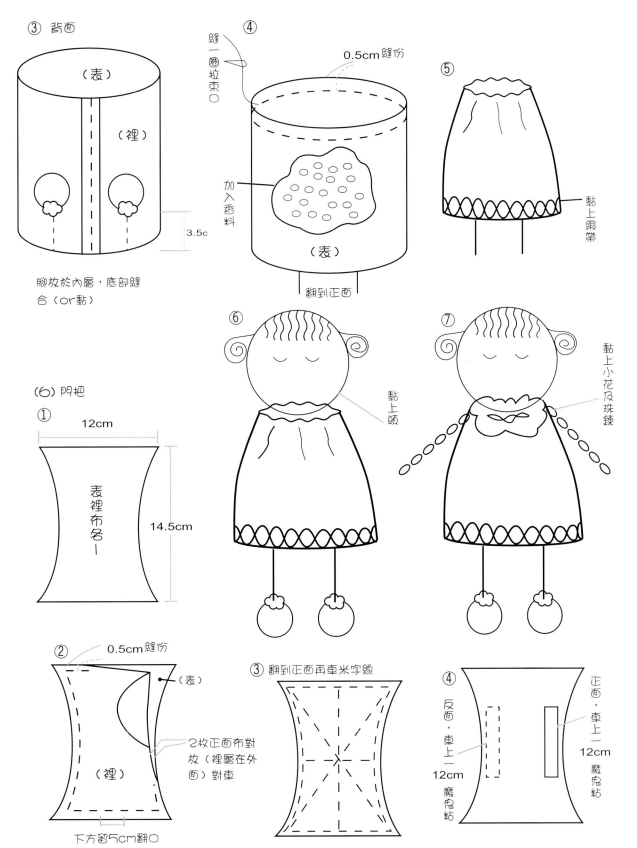

③　背面

（表）

（裡）

3.5c

腳放於內層，底部縫
合（or黏）

④

縫一圈拉口束口

0.5cm縫份

加入香料

（表）

翻到正面

⑤

黏上緞帶

（六）門把

①

12cm

表裡布各一

14.5cm

⑥

黏上頭

⑦

黏上小花及珠鍊

②

0.5cm縫份

（表）

（裡）

2枚正面布對
放（裡層在外
面）對車

下方留5cm翻口

③　翻到正面再車米字線

④

反面，車上一
12cm
魔鬼粘

正面，車上一
12cm
魔鬼粘

（七）拿一鍊子或繩子或緞帶
將娃娃與門把套接連起來

67

燈座自黏小兔

材料：

胚布	40×40cm（身體）
香料	少許
棉花	少許
花色棉布	12×6cm（領巾）
格子棉布	20×18cm（上衣）
格子棉布	12×20cm（褲子）
眼珠子	2顆
魔鬼黏	2cm
木釦子	2顆

完成品：娃娃12.5cm（長）×5cm（寬）

門把套：15×22cm

作法：

（1）兔子：同P111-welcome小兔做法，眼.睫毛.鼻.嘴.鬍子用縫的.手.腳內側縫魔鬼粘互黏。

（3）領巾

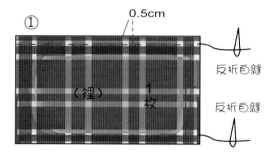

反折3摺圍在頸子上

0.7cm

（4）吊帶褲：1×12cm×2條

① 0.5cm

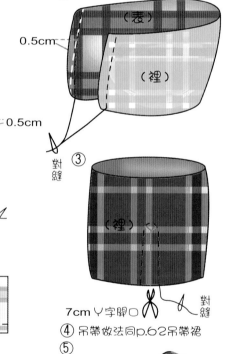

（裡）1枚

反折自縫

反折自縫

② 0.5cm （表）（裡）

對縫

③ （裡）

對縫

7cm Y字開口

④ 吊帶做法同p.62吊帶裙

⑤

吊帶與褲對縫另縫2個釦子

（表）

褲口向外反折2摺翻到正面 1cm

（2）衣

① 0.5cm

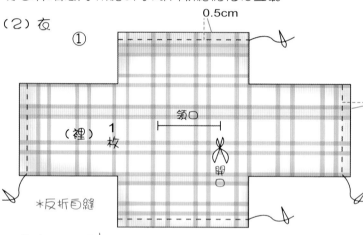

領口

（裡）1枚

開

0.5cm

*反折自縫

② 上下反折成 1/2

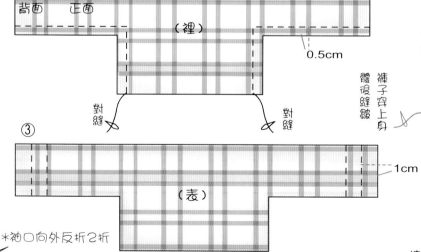

背面　正面

（裡）

0.5cm

對縫　對縫

③

（表）

1cm

褲子穿上身
體後縫線

*袖口向外反折2折

小兔花仙子

材料：

小兔玩偶（可以其他玩偶代替）　1支
花色棉布　　　　　　30×30cm（表布）
花色棉布　　　　　　30×30cm（裡布）
珠子　　　　　　　　4顆
緞帶　　　　　　　　45cm
香料　　　　　　　　少許
棉花　　　　　　　　少許
完成品：15×15×15cm

作法：

（Ｉ）花瓣

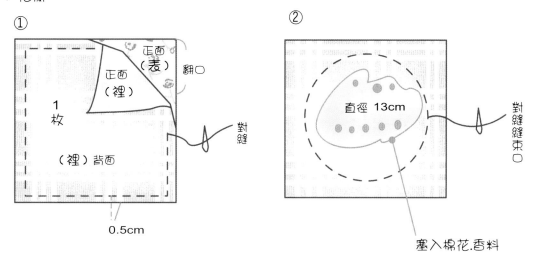

① 1枚　正面（裡）　正面（表）　翻口　對縫　（裡）背面　0.5cm

② 直徑 13cm　對縫束口　塞入棉花.香料

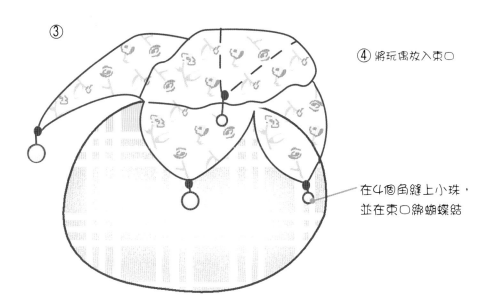

③

④ 將玩偶放入束口

在4個角縫上小珠，並在束口綁蝴蝶結

KEY HOUSE 娃娃

材料：

胚布	40×40cm（身體、手、腳）
髮絲	少許
格子布	15×8cm×2片（裙）
花色棉布	1×30cm×2條（蝴蝶結）
黑色棉布	12×6cm（鞋）
木板鏡子（可自製）1個（25×25cm）	
掛鉤	3個（掛鑰匙用）
釘鉤	3個
香料	少許
棉花	少許

完成品：10×16cm（長）

作法：

（1）腳／鞋

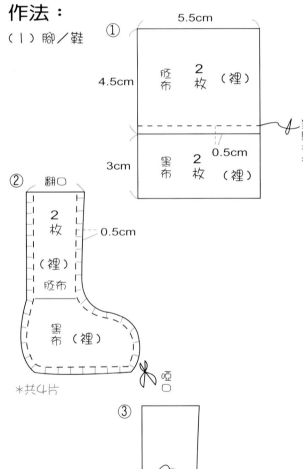

① 5.5cm
4.5cm 胚布 2枚（裡）
對縫拼接
0.5cm
3cm 黑布 2枚（裡）

② 翻口
2枚（裡）
胚布
0.5cm
黑布（裡）
＊共4片
啞口

③
翻到正面
空心棉花
（表）

（2）身體

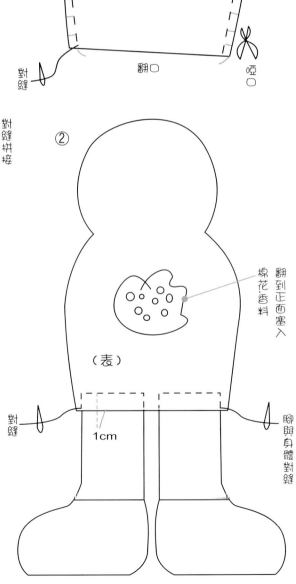

① 0.5cm
2枚（裡）
對縫
翻口
啞口

②
翻到正面塞入
棉花香料
（表）
對縫
1cm
腳與身體對縫

（３）① 後髮：15cm×6回

② 前髮：2cm×3回黏於前額

由中心點束起來，黏於頭中央

③ 2側綁蝴蝶結

或中央綁蝴蝶結

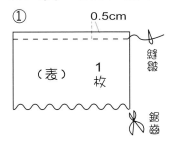

④ 身體黏於木板上

（４）裙子：8×15cm

① 0.5cm

（表） 1枚

縫皺

鋸齒

②

（表）

＊身體黏於木板後再將
裙子黏於頸子及木板上

（５）手：直徑5cm圓

①

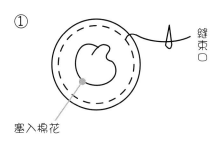

縫束口

塞入棉花

②

束口放後面，再黏
於頸口下方附近裙
子上面

（６）組合

＊木板上可黏上一些緞帶、圖案裝飾或 SHOW上字母
＊木板上方釘吊鉤
＊木板下方釘掛鉤

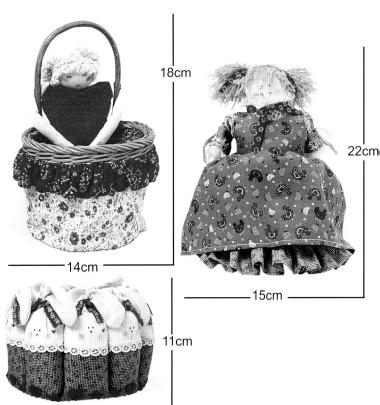

籃子娃娃

生活小智慧

美化兼收納，在藍子外身以布包裹，並縫上芳香布娃娃，可作為收納籃又可美化環境。

18cm

22cm

14cm

15cm

11cm

15cm

7.2cm

22cm

香草小妙用－檸檬草

具有檸檬與生薑混合的清香，可提神醒腦。此外，也可當作防蟲劑來使用。

73

兔子圓形置物盒

材料：

保麗龍膠（或熱溶膠）

胚布	16×22cm×10枚（身體、頭）
花色棉布	1×100cm（蝴蝶結）
花色棉布	8×6cm×10枚（衣）
花色棉布	13.5×13.5cm×2枚（底）
LACE	6.5cm×10枚
硬紙板	13×13cm（底）
棉花	少許
香料	少許
完成品：	直徑15×11cm

兔子作法：

（1）兔子

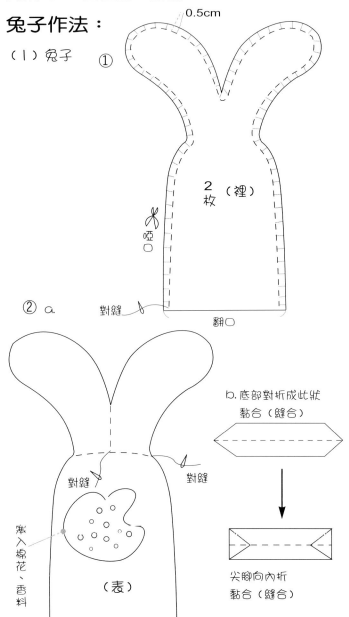

① 0.5cm

2枚（裡）

剪口

② a. 對縫 翻口

對縫 對縫

塞入棉花、香料

（表）

b. 底部對折成此狀 黏合（縫合）

尖腳向內折 黏合（縫合）

翻到正面

74

（2）衣服：a. 8×6cm×10枚
花色棉布與兔子身體對黏
b. 畫表情
c. 耳朵綁蝴蝶結
d. 頸口黏LACE
e. 底部黏小花

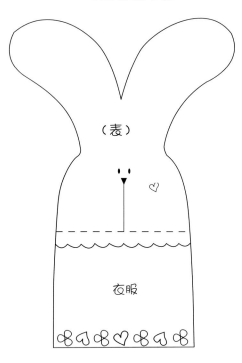

（表）

衣服

（3）組合：每一隻兔子相黏成一圓圈。
（4）量出底部圓周直徑（約13cm）
剪一硬紙板紙型另剪兩片棉布
13.5cm圓，黏在紙板內外層。

*亦可用2片13.5cm之圓棉布互縫，翻
到正面，縫好翻口再車交叉斜線，代替紙
板底

（5）最後再將兔子與底部黏合。

愛心娃娃吊籃

材料：

針織布	9×9cm（臉）
棉線（3股）	少許
大頭針	2支
素色棉布	10×20cm（愛心）
花色棉布	9×30cm（圍裙、身體）
花色棉布	5×70cm（花邊）
胚布	16×12cm（手）
籃子寬14cm×深12cm　1個	
棉花	少許
香料	少許
鬆緊帶	28cm
繩子	30cm

完成品：高18cm×寬14cm×12cm深

愛心娃娃作法：

（1）頭：直徑8.5cm

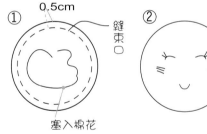

0.5cm
① 縫束口
② 塞入棉花

（2）髮：前髮：2×8條（等於24小條）

①
② 後髮：8cm×16條
　　（等於48小條）

③ 正面

將頭髮集向2側
上方綁起來

④ 背面

（3）手：

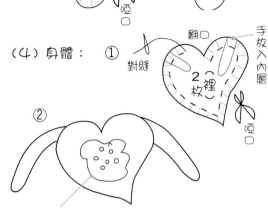

翻口
① 0.5cm 2枚（裡） 對縫
啞口
② 翻到正面塞入棉花（表）

（4）身體：

① 翻口 對縫 2枚（裡） 手放入內層 啞口

② 翻到正面，塞入棉花、香料

（5）組合：頭黏於身體上

*將身體黏（或縫）於竹籃
後側提把交會處，雙手環
過提把由外往內彎，
可用大頭針將手與身
體固定（或用魔鬼粘）

（6）竹籃花邊：5×70cm

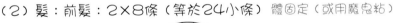

① 0.7cm （裡） 反折自縫
0.5cm

② 左右兩邊與鬆緊帶縫合固定
加入鬆緊帶

③ 0.5cm （裡） 兩邊對縫

④ 翻到正面套入竹籃
開口上端

（7）圍裙：9×30cm

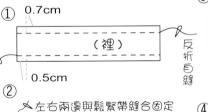

0.5cm
反折自縫 （裡） 反折自縫
反折自縫 0.5cm 反折自縫

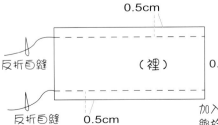

反折自縫 （表）
0.5cm （裡）
加入2條繩子
綁於後方

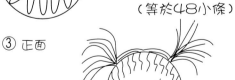

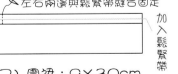

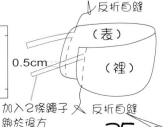

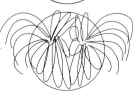

竹籃娃娃

材料：

籃子一個	直徑9×9cm（或空罐）
硬紙板	15×10cm
LACE花邊	30cm
花色棉布	15×56cm＋15×11cm（背心裙）
花色棉布	17×19cm（上衣）
花色棉布	90×6cm（竹籃圍裙）
毛線	少許
胚布	20×30cm
棉花	少許
香料	少許
鬆緊帶（細）	20cm
完成品：	22×15cm（寬）

娃娃作法：

（1）竹籃圍裙90×6cm（寬）

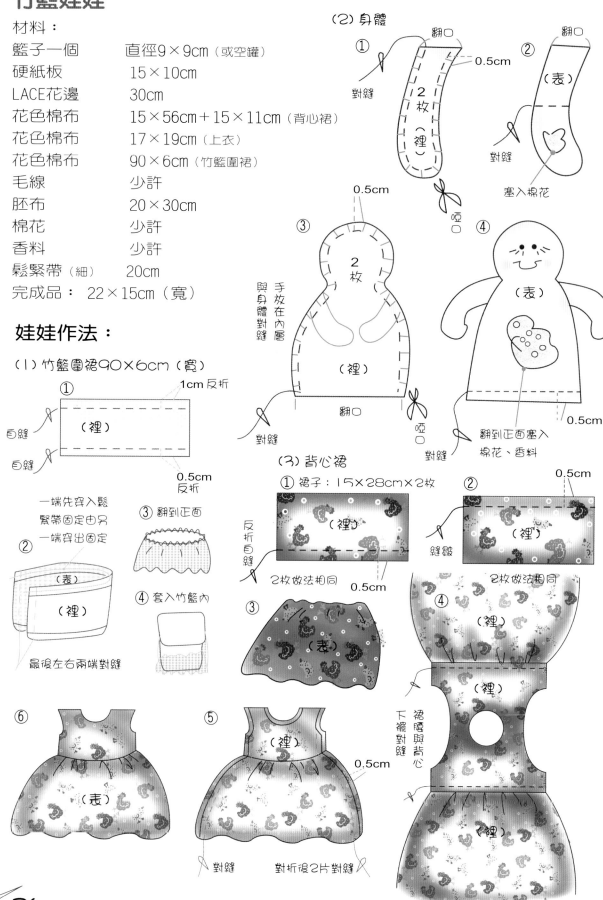

（2）身體

（3）背心裙

① 裙子：15×28cm×2枚

（4）上衣

● 放入LACE花邊

① 反折自縫

緊靠上縫

5cm領口

剪開

（裡）

0.5cm

反折自縫

0.5cm

反折自縫

② 反折成 $\frac{1}{2}$

（裡）

2片對縫

斜口

0.5cm

2片對縫

③ 翻到正面，穿於身體上

（5）支撐板：硬紙板，插
於身體外（上衣內）及竹
籃，用已支撐背部直立。

（6）髮

① 前髮
3cm×20

② 後髮
12cm×10回×7個

正面

背面

＊於名點位置黏（或縫上）每一撮頭髮

③

頭髮綁上2個蝴蝶結

（7）組合

畫表情

領口打上蝴蝶結

袖口綁上蝴蝶結

支撐板

竹籃

圍裙

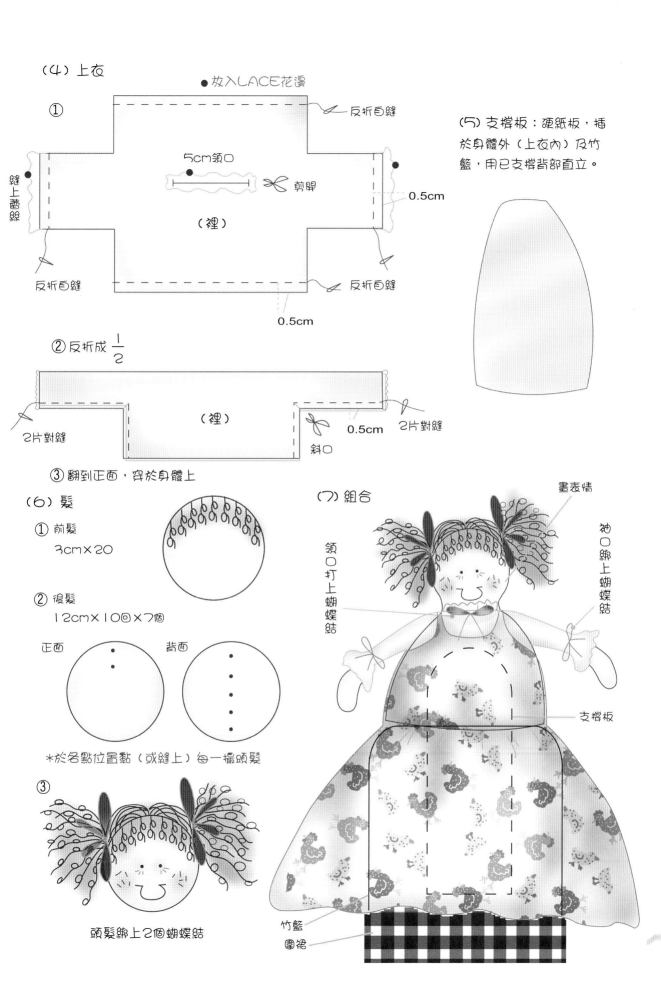

置物盒

材料：

空面子盒	12×12cm×2片（臉：直徑5cm×4枚）
花邊	8cm×2條
小花	2朵
毛線	少許
花色棉布	格子棉布
不織布（綠色）	少許
緞帶	70cm
魔鬼粘	3cm×2枚
棉花	少許
香料	少許

完成品：

面紙盒：12cm（深）×22cm（寬）×7.2（高）

娃娃頭：6cm（高）

置物盒作法：

（2）表情

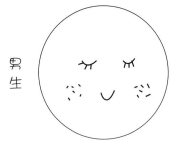

男生

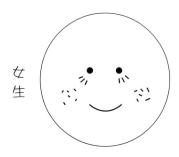

女生

（1）頭

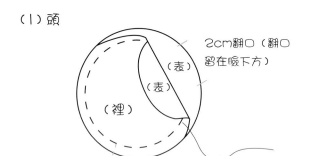

2cm翻口（翻口留在臉下方）

（表）

（表）

（裡）

0.5縫份

縫一圈
翻口2cm不縫

（3）頭髮：4cm×5回

（4）領口花邊：

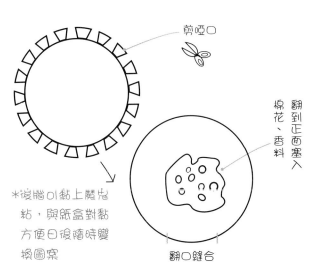

剪啞口

翻到正面塞入
棉花、香料

翻口縫合

*後腦ロ黏上魔鬼粘，與紙盒對黏方便日後隨時變換圖案

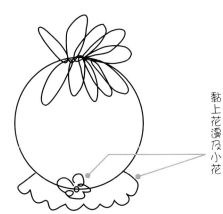

黏上花邊及小花

78

(5) 花：

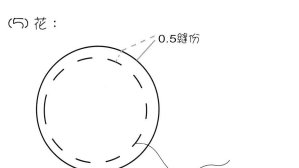

0.5縫份

縫一圈，拉緊束口

(6) 面紙盒：11.6（深）×7.2cm（高）

依面紙盒大小不同，調整布的大小

▲　剪啞口

↔　對黏

⇧　反折後，黏於紙盒內側

*表布多面紙盒之1cm全部反折

① 外層布：

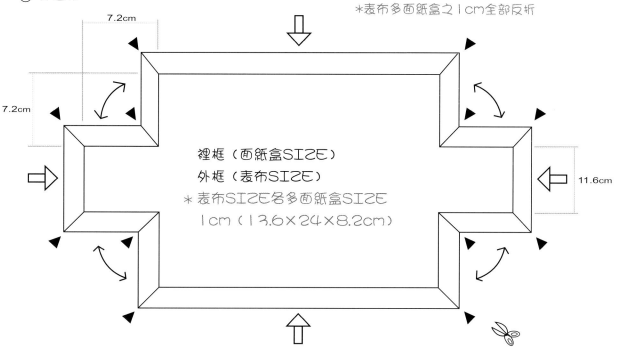

7.2cm

7.2cm

11.6cm

裡框（面紙盒SIZE）

外框（表布SIZE）

*表布SIZE各多面紙盒SIZE
1cm（13.6×24×8.2cm）

② 裡層內框布：68.2（總長度＋1cm縫份）×9.2（高度＋
上下各1cm縫份）

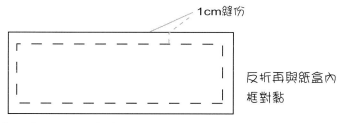

1cm縫份

反折再與紙盒內
框對黏

(7) 紙盒口可綴上花邊OR緞帶

③ 裡層底框布：24（寬度＋2cm縫份）×13.6（深度＋
2cm縫份）

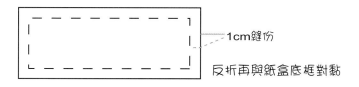

1cm縫份

反折再與紙盒底框對黏

掛鉤●

小掃把娃娃●

●掛鉤

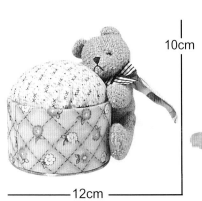

10cm

12cm

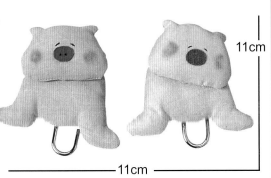

11cm

11cm

香草小妙用-薄荷

其香味清新怡人，具
清新頭腦、鼓舞精神
之功效。＊具通經作
用，授乳母親請避免。

80

芳香布娃娃　紙型_p.134

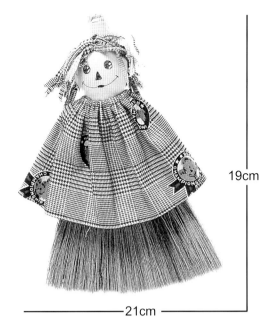

工具娃娃

生活小智慧

以布娃娃為主題，加上Ｓ鉤背袋，可作成小掃把、剪刀套、掛鉤用途多而廣。

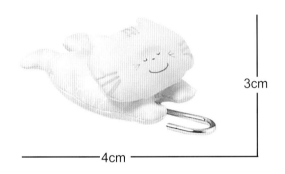

3cm

4cm

19cm

21cm

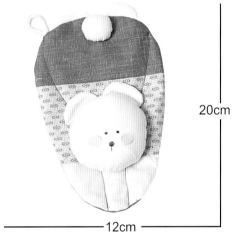

20cm

12cm

小豬掛鉤

材料：

素色棉布	21×20cm（頭、身體）
不織布	2×2cm（鼻）
Ｓ鉤	1個
香料	少許
棉花	少許

完成品：11×11cm

小豬作法：

（1）頭：同獅子相片夾Ｐ101
（2）身體：同獅子相片夾Ｐ101，但身體背片在與前片縫合時，先縫上背帶。

　　背帶：3×3.5cm（長）

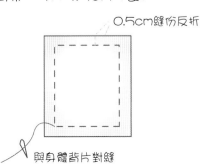

0.5cm縫份反折

與身體背片對縫

小虎S鉤/掛鉤

材料：

素色棉布	9×16cm
花色棉布（或素色）	20×13cm
Ｓ鉤	1個
香料	少許
棉花	少許

完成品：11×7cm

小虎作法：同小豬掛鉤

背帶：4×3cm（寬）

小熊針包

材料：

膠帶空紙軸	1個	棉花	少許
香料	少許	鐵絲	12cm
小熊	1隻（或其他玩偶）		
花色棉布	15×15cm（紙軸上針包用）		
花色棉布	38×17cm（圍紙軸用）		
花色棉布	12×12cm（翅膀）		
硬紙板	8.8×8.8cm（紙軸底部覆蓋用）		
硬紙板	12×5cm（翅膀）		
鐵絲	12cm		

完成品：13×10cm高×12cm寬

小熊作法：

（1）底部①　直徑8.3cm，剪一硬紙板
　　　　　②剪一8.8cm棉布，黏於紙板上，
　　　　　　多餘部份反折入紙板內層
（2）紙軸：38×7cm棉布，黏於紙軸外層
（3）塞入棉花.香料於紙筒內，上面再以直徑
　　　15cm棉花覆蓋，周圍黏於紙軸內緣
（4）翅膀①　剪硬紙板成翅板形狀
　　　　　②剪2枚翅板狀棉布加上鐵絲，貼
　　　　　　於紙板2面

小熊剪刀作法：

（1）頭

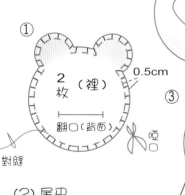

（2）尾巴

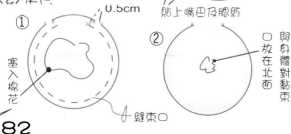

小熊剪刀套子

材料：

鞋帶	8cm（身）
黃色棉布	20×20cm（頭.耳.腳.尾巴）
花色棉布	14×9cm（身體前片中段）
花色棉布	20×28cm（身體內袋）
古布	14×8cm（身體正面後段及背面）
白色棉布	5×3cm（嘴）
粉色棉布	2×1cm（腮紅）
暗鈕	1個
香料	少許
棉花	少許

完成品：　9×22cm

（3）腳

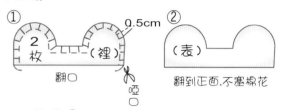

（4）外袋①　先將三段前片拼接縫合

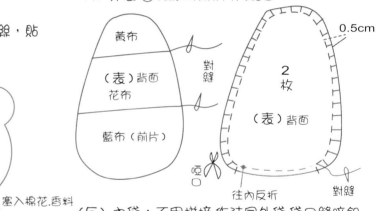

（5）內袋：不用拼接.作法同外袋.袋口縫暗鈕
（6）組合
①將內袋套入外袋內
　（內袋表面向內.外袋表
　面向外）
②a.鞋帶（鈎帶）與腳套入
　內外袋翻口反折夾層中，
　縫合袋口

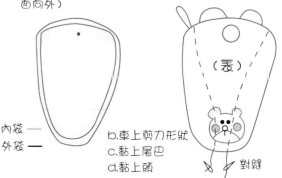

b.車上剪刀形狀
c.黏上尾巴
d.黏上頭

小掃把娃娃

材料：

小掃把	1隻
花色棉布	17×52cm（衣、髮）
胚布	24×14cm
細鬆緊帶	0.5×12cm
寬鬆緊帶	3×6cm
香料	少許
棉花	少許

完成品：19×21cm（寬）

小掃把作法：

（1）頭/身

①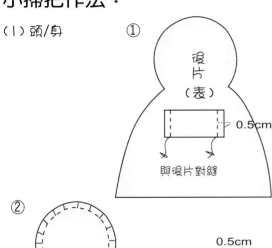

後片（表）

0.5cm

與後片對縫

②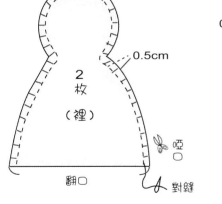

0.5cm

0.5cm

2枚（裡）

翻口

啞口

對縫

③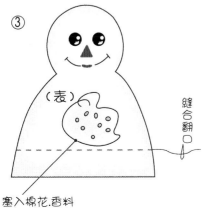

（表）

縫合翻口

塞入棉花.香料

（2）髮：20×15cm

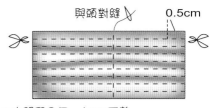

與頭對縫

0.5cm

a.中間留0.5～1cm不剪
b.由2側往中間剪每條0.5cm寬
c.再由中心線縫於頭上

（3）裙：17×52cm（長）

①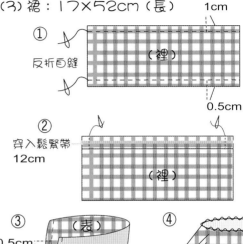

（裡）

反折自縫

1cm

0.5cm

② 穿入鬆緊帶12cm

（裡）

③ （表）

（裡）

0.5cm

對縫

④

（表）

（4）組合

a.小掃把穿入身體背片
　之寬鬆緊帶中
b.裙子再套入身體縫合

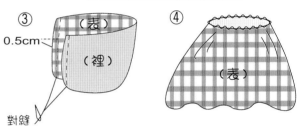

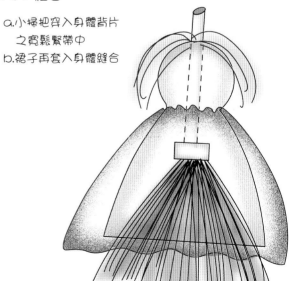

1 衣架（下半部可拆下）
2 置物袋（前袋、背袋）

面紙盒●

●衛身棉娃娃
內置拖鞋、由前端
開口抽出衛生棉

芳香布娃娃　紙型_p.142

袋子娃娃

生活小智慧

巧妙運用置物袋收納雜物

香草小妙用-杜松果

可以做為泌尿系統殺菌
劑及預防膀胱炎或尿路
感染並且可對抗尿酸所
引起的關節疼痛，沖泡
前需先壓破果實。

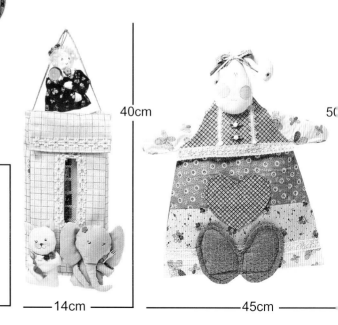

40cm

50

14cm

45cm

●椅背收納袋

保鮮膜、鋁箔紙、塑膠袋、
收納袋（背袋可放塑膠袋，
由下方出口抽出）

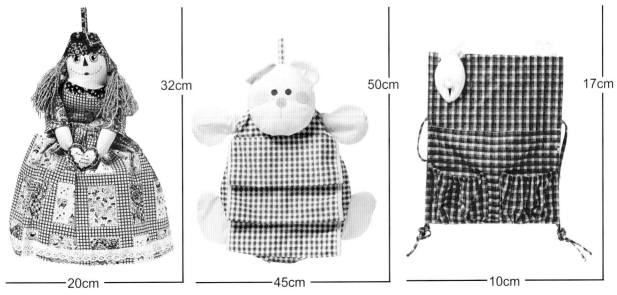

32cm

50cm

17cm

20cm

45cm

10cm

面紙盒袋

材料：

格子棉布	0.5碼
素色棉布	（黃：15×15cm.藍15×15cm）
胚布	15×15cm（身體、手、腳、臉）
花色棉布	15×15cm
花邊	8cm
小花	少許
別針	2個
緞帶	60cm
香料	少許
棉花	少許

完成品：

10（深）×14（寬）×40cm（高）

大象作法：

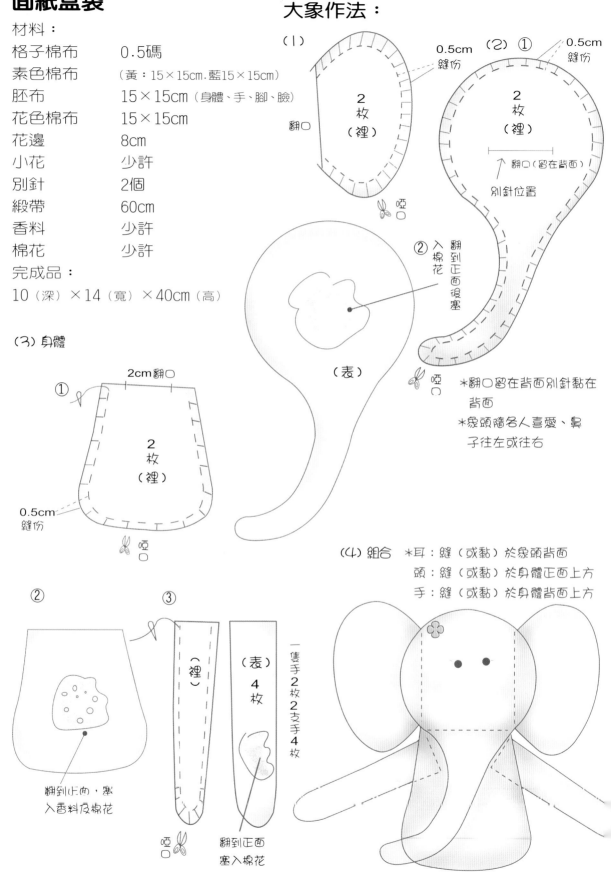

（1）
2枚（裡）
翻口
0.5cm 縫份

（2）①
2枚（裡）
0.5cm 縫份
翻口（留在背面）
別針位置

② 入棉花
翻到正面後塞
（表）

*翻口留在背面別針黏在背面
*象頭隨各人喜愛、鼻子往左或往右

（3）身體

①
2cm翻口
2枚（裡）
0.5cm 縫份

②
翻到正面，塞入香料及棉花

③
（裡）
（表）4枚
一隻手2枚2支手4枚
翻到正面塞入棉花

（4）組合　*耳：縫（或黏）於象頭背面
頭：縫（或黏）於身體正面上方
手：縫（或黏）於身體背面上方

86

小貓作法：

（1）頭

①
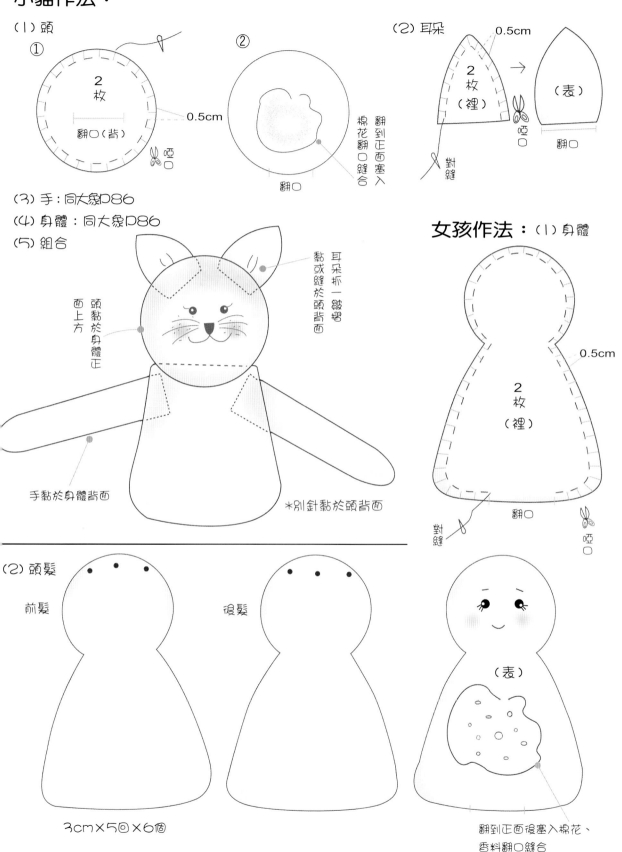

2枚
翻口（背）
0.5cm

② 翻口

翻到正面塞入
棉花翻口縫合

（2）耳朵 0.5cm

2枚（裡）

（表）

翻口

對縫

（3）手：同大象P86

（4）身體：同大象P86

（5）組合

耳朵折一皺摺
黏或縫於頭背面

頭黏於身體正面上方

手黏於身體背面

＊別針黏於頭背面

女孩作法：（1）身體

2枚（裡）
0.5cm

翻口

對縫

（2）頭髮

前髮

後髮

3cm×5回×6個

（表）

翻到正面後塞入棉花、香料翻口縫合

87

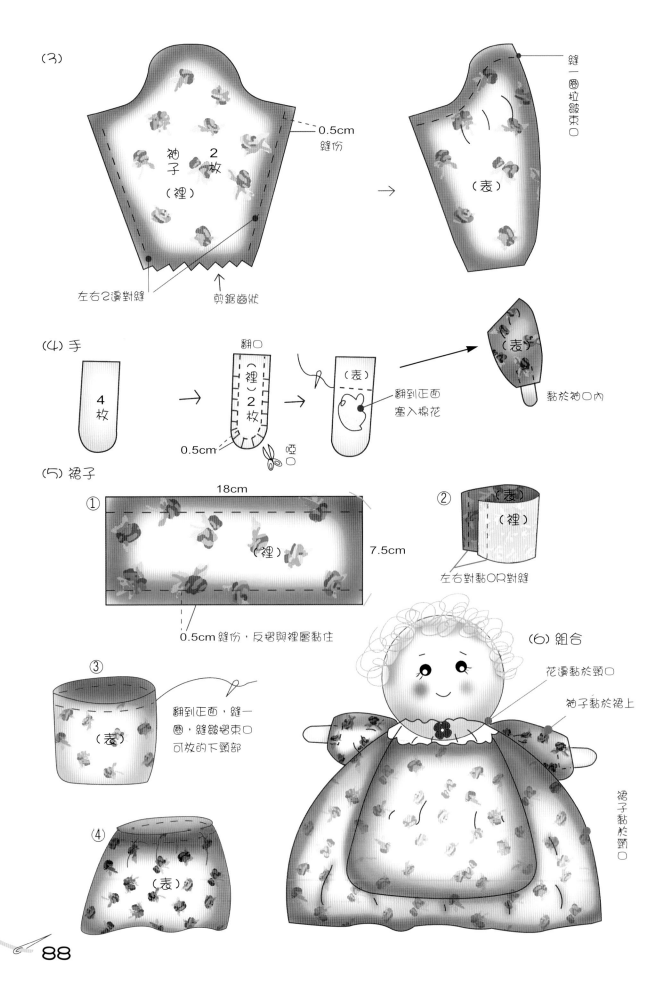

(3)

0.5cm
縫份

袖子 2 枚
（裡）

左右2邊對縫

剪鋸齒狀

→

縫一圈拉束口

（表）

(4) 手

翻口

（裡）2 枚

4 枚

0.5cm

（表）

翻到正面
塞入棉花

（表）

黏於袖口內

(5) 裙子

① 18cm

（裡）

7.5cm

0.5cm縫份，反摺與裡層黏住

② （表）

（裡）

左右對黏OR對縫

③

（表）

翻到正面，縫一
圈，縫皺摺束口
可放的下頸部

④

（表）

(6) 組合

花邊黏於頸口

袖子黏於裙上

裙子黏於頸口

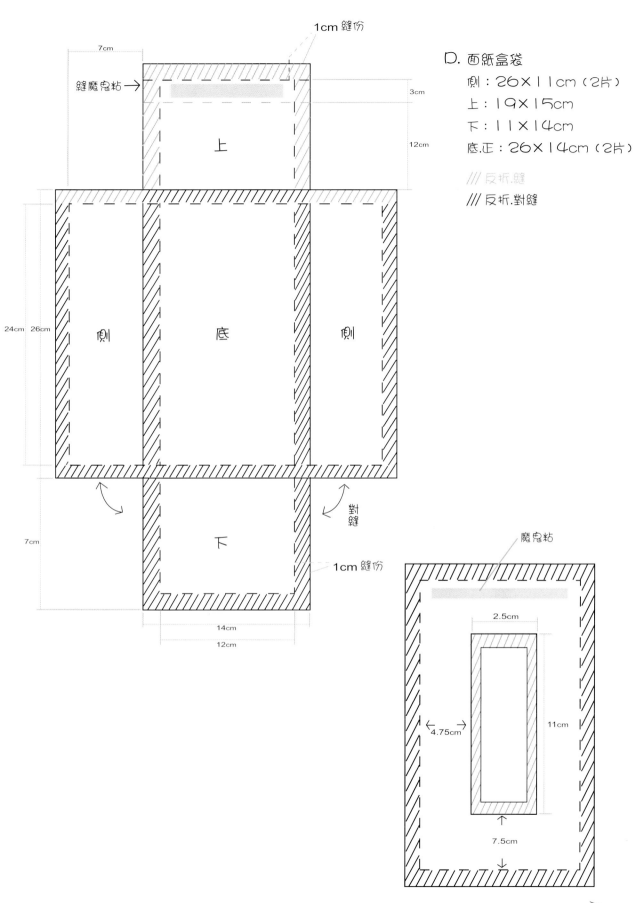

1cm 縫份

7cm

縫魔鬼粘→

上

3cm

12cm

24cm　26cm

側　　底　　側

7cm

對縫

下

1cm 縫份

14cm

12cm

D. 面紙盒袋
　側：26×11cm（2片）
　上：19×15cm
　下：11×14cm
　底.正：26×14cm（2片）

/// 反折.縫

/// 反折.對縫

魔鬼粘

2.5cm

11cm

←4.75cm→

↑
7.5cm
↓

小熊　保鮮膜/垃圾袋/鋁箔紙/塑膠袋　袋子

材料：

黃色棉布	30×90cm（頭.耳.手.腳）
粉色棉布	3×6cm（腮紅）
深黃色棉布	2×2cm（鼻）
咖啡色棉布	1.5×2cm（眼）
深黃色棉布	12×90cm（邊框）
格子布	1碼
棍子	1支
香料	少許
棉花	少許

完成品：45×50（長）

作法：

（1）耳朵

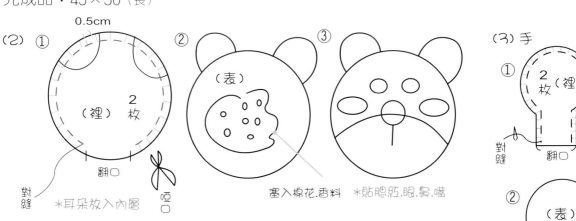

① 0.5cm
（裡）2枚
翻口
對縫
啞口

② （表）
翻到正面

（2）① 0.5cm
（裡）2枚
翻口
對縫
啞口
＊耳朵放入內層

② （表）

③ 塞入棉花.香料　＊貼腮紅.眼.鼻.嘴

（3）手
① 2枚（裡）
對縫　翻口　啞口

② （表）

（4）腳：做法同手。

（5）滾邊：寬度分四等份上.下之 $\frac{1}{4}$ 等份反折.包住要滾邊的布2側。

（6）腹袋：27×53.5cm（長）

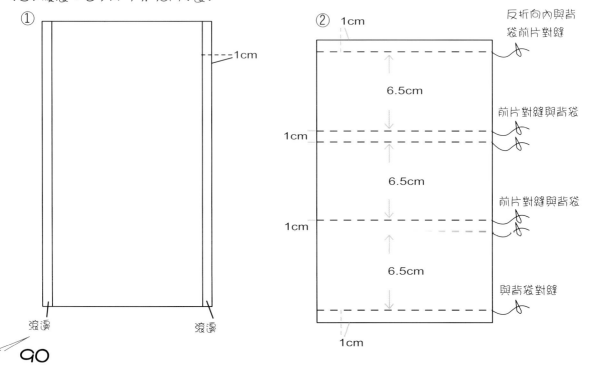

① 1cm
滾邊　滾邊

② 1cm
反折向內與背袋前片對縫
6.5cm
1cm
前片對縫與背袋
6.5cm
1cm
前片對縫與背袋
6.5cm
與背袋對縫
1cm

90

（7）吊帶：6×24cm

① 1.5cm

分成4等分反
折成 $\frac{1}{2}$

② 反折成 $\frac{1}{4}$，對縫

（8）背袋前片：

① 1cm

眼口處向內反折自縫

（面背）

魔鬼粘

底部眼口反折不縫

② 腹袋與背袋
前片對車

（9）背袋後片上半部：

① 眼口

滾邊1cm

② 1cm

手部眼口   手部眼口

反折自縫

眼口處不縫

反折不縫眼口

（10）背袋後片下半部：

① 眼口

滾邊1cm

② 魔鬼粘（背面）

眼口反折不縫

1cm

反折自縫

底部眼口不縫

（11）背袋前後片組合：

①

對縫

手部眼口   手部眼口

後片上部
（裡）

對縫

（裡）

後片下部

啞口

＊將吊帶.腳
放入內層

對縫   底部眼口   對縫

②

＊翻到正面黏上頭，將棍子套入身體
（背袋）中，再套入手。

＊三層腹帶可放垃圾袋，保鮮膜、鋁箔
紙，背袋可放塑膠袋。

兔子椅背套

材料：

胚布

格子棉布	1碼
緞帶	30cm
暗釦	6個
魔鬼黏	10cm
香料	少許
棉花	少許

完成品：兔子17×10cm（寬）

作法：

（1）耳朵

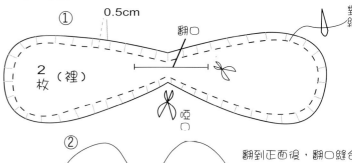

① 0.5cm 翻口 對縫

2枚（裡）

啞口

②

翻到正面後，翻口縫合
將耳朵重疊豎起遮住翻
口，黏於頭上

（2）手

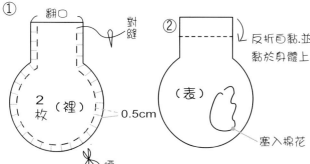

① 翻口 對縫

2枚（裡）

0.5cm

啞口

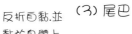

② 反折自黏.並
黏於身體上

（表）

塞入棉花

（3）尾巴

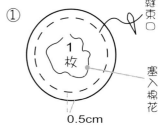

① 縫束口

1枚

塞入棉花

0.5cm

②

束口留在背面多
餘之布剪平黏於
尾部

（4）①

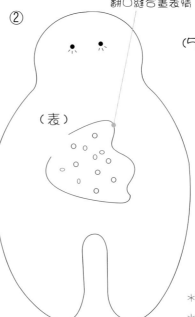

對縫 翻口

2枚（裡）

啞口

塞入棉花.香料，
翻口縫合畫表情

②

（表）

（5）組合

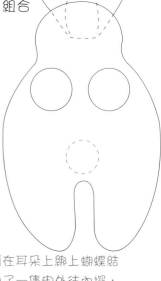

*可在耳朵上綁上蝴蝶結
*兔子一隻由外往內探，
　一隻由內往外探

（6）表情：① 由下看表情　　② 由上看表情

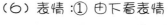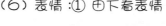

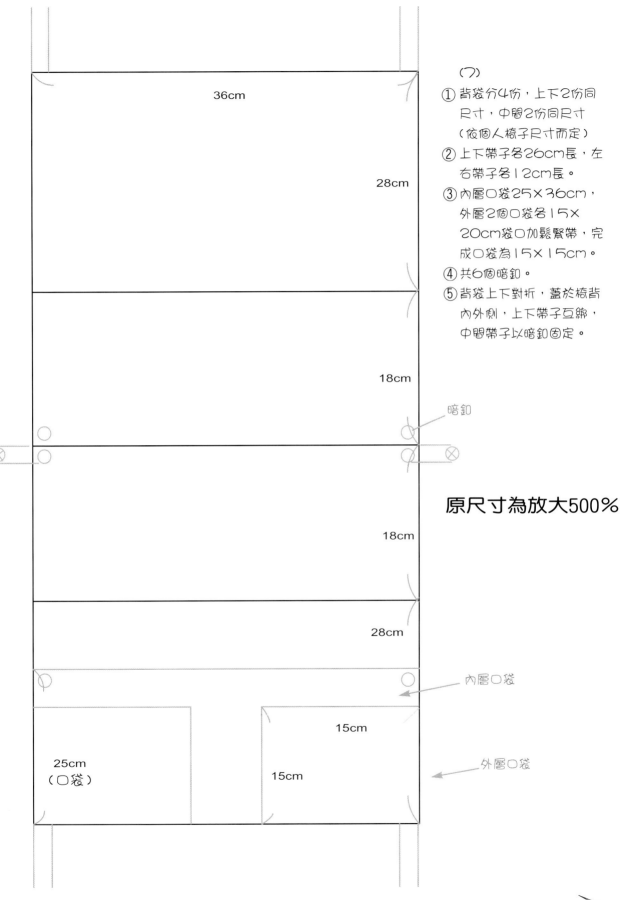

（ㄱ）
① 背袋分4份，上下2份同
　尺寸，中間2份同尺寸
　（依個人椅子尺寸而定）
② 上下帶子各26cm長，左
　右帶子各12cm長。
③ 內層口袋25×36cm，
　外層2個口袋各15×
　20cm袋口加鬆緊帶，完
　成口袋為15×15cm。
④ 共6個暗釦。
⑤ 背袋上下對折，蓋於椅背
　內外側，上下帶子互綁，
　中間帶子以暗釦固定。

36cm

28cm

18cm

暗釦

原尺寸為放大500%

18cm

28cm

內層口袋

15cm

25cm
（口袋）

15cm

15cm

外層口袋

兔子衣架/信件袋

作法：（1）香包：8×8cm

材料：

衣架	1支
小花	4朵
緞帶	30cm
LACE蕾絲	90cm
胚布（頭）	30×30cm
花棉布（3～6色）	各45×30cm

（或以各種不同拼接）

泡綿	20×20cm
魔鬼黏	6.5cm
香料	少許
棉花	少許

完成品：45（寬）×50cm（高）

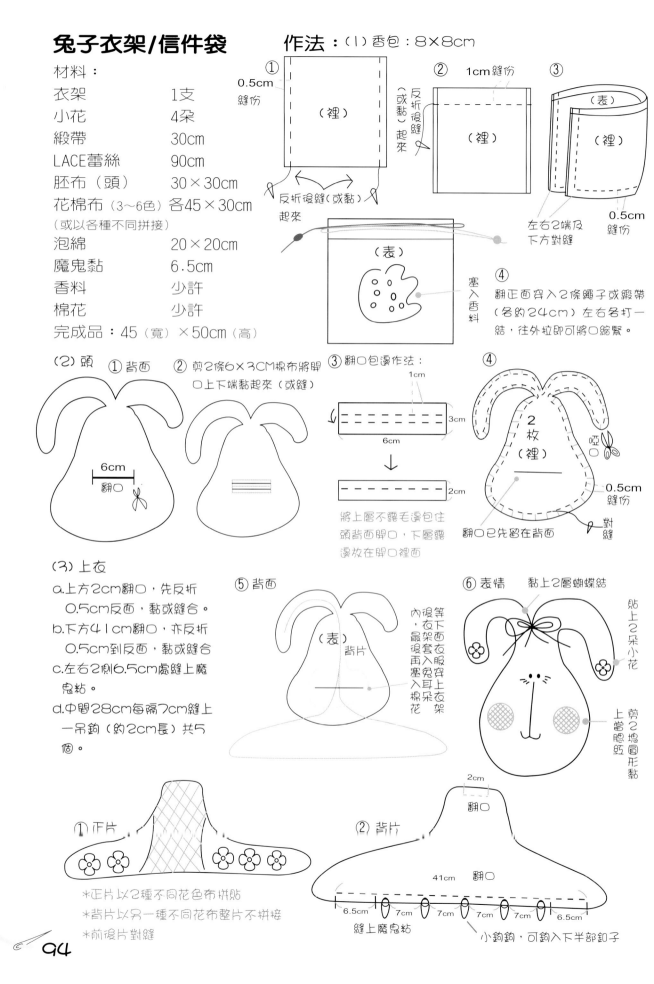

① （裡） 0.5cm縫份
反折後縫（或黏）起來

② 1cm縫份 （裡）（或黏）反折後縫起來

③ （表）（裡） 0.5cm縫份

左右2端及下方對縫

（表） 塞入香料

④ 翻正面穿入2條繩子或緞帶（各約24cm）左右各打一結，往外拉即可將口縮緊。

反折後縫（或黏）起來

（2）頭

① 背面 6cm 翻口

② 剪2條6×3CM棉布將開口上下端黏起來（或縫）

③ 翻口包邊作法：
1cm / 3cm / 6cm
↓
2cm
將上層不露毛邊包住頭背面開口，下層露邊放在開口裡面

④ 2枚（裡） 0.5cm縫份
翻口已先留在背面
對縫

（3）上衣

a.上方2cm翻口，先反折0.5cm反面，黏或縫合。

b.下方41cm翻口，亦反折0.5cm到反面，黏或縫合

c.左右2側6.5cm處縫上魔鬼粘。

d.中間28cm每隔7cm縫上一吊鉤（約2cm長）共5個。

⑤ 背面 （表）背片

等內衣下方衣套入兔耳朵後，再塞入棉花，最後衣服穿入衣架

⑥ 表情 黏上2層蝴蝶結
貼上2朵小花
剪2塊圓形黏上當腮紅

① 正片
*正片以2種不同花色布拼貼
*背片以另一種不同花布整片不拼接
*前後片對縫

② 背片 2cm 翻口
41cm 翻口
6.5cm / 7cm / 7cm / 7cm / 7cm / 6.5cm
縫上魔鬼粘
小鉤鉤，可鉤入下半部釦子

94

③正片

黏上2朵小花當釦子

車OR黏上2條LACE

中間28cm處，上面車（OR黏）上LACE擋住吊鉤

28cm

④ 對縫　開口　對縫

2枚（裡）

0.5cm縫份

2片對車

開口

啞

⑤翻到正面，衣架先掛上香包袋，先套入頭部再套入上衣中

（4）心型口袋

0.5cm縫份

①

（裡）

3cm翻口

啞

對縫

②

（表）

a.翻到正面翻口縫合
b.斜紋交叉對車

（5）腳丫口袋

0.5cm縫份

①

（裡）2枚

5cm翻口

啞

對縫

②

對縫

1cm

對縫

（表）

＊外面加一層泡綿

a.翻口縫合
b.內圈在車一次腳丫形狀

翻到正面

（6）下身

a.正片由3種不同花色布拼接成。
b.背片由另一種不同色棉布（不拼接）

a.將心形與正片對車上，方留一開口。
b.將腳丫與正片對車，腳丫下方露一點點，凸出正片下方，腳丫上方亦留一開口。

①

② 正片

翻口

③

1cm縫份

2枚（裡）

斜

a.前後片對車

a.翻到正面，前後2片各縫5顆釦子，即可與上衣鉤鉤接合。

④ 7cm 7cm 7cm 7cm

（表）

（7）組合

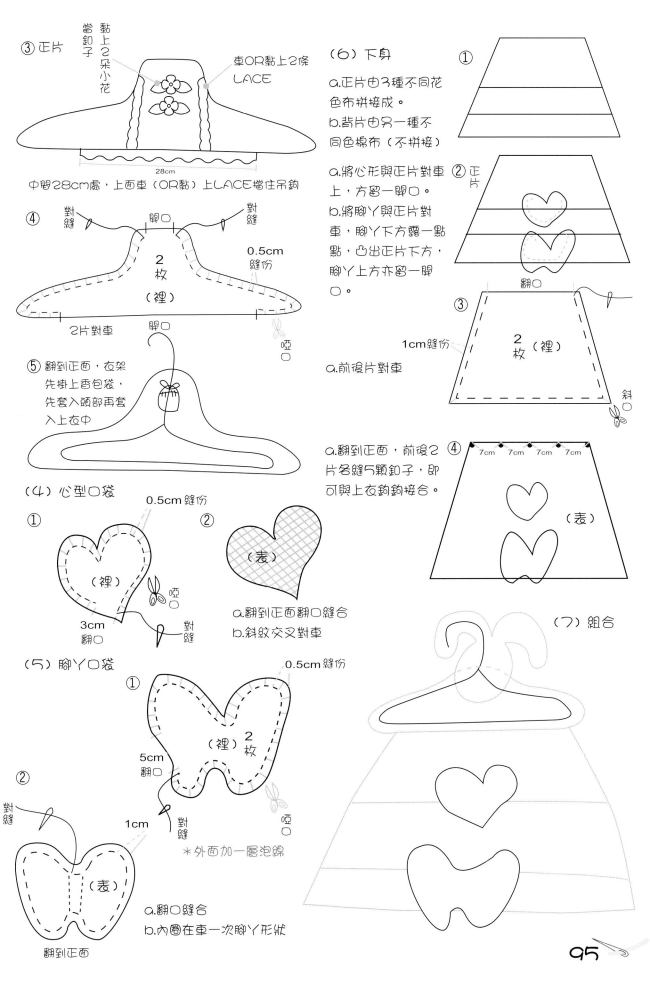

拖鞋/衛生棉娃娃

材料：

圈圈毛線	少許（頭髮）
胚布	30×30cm（頭.身.手）
花色棉布	24×40cm（衣.裙）
花色棉布	3×15cm（頭巾）
花色棉布	4×15cm（吊帶）
花色棉布	8×3cm（領子）
LACE	40cm
室內拖鞋	1支

（可以飯店或飛機上贈予之拖鞋）

細鬆緊帶	12cm
香料	少許
棉花	少許

完成品：32×20（寬）

（2）髮：25cm×25回，黏於頭頂中央

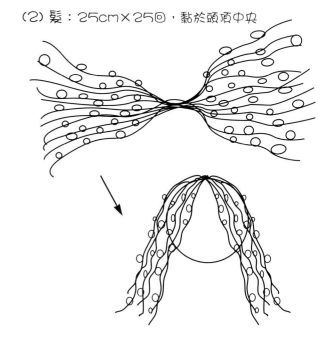

作法：

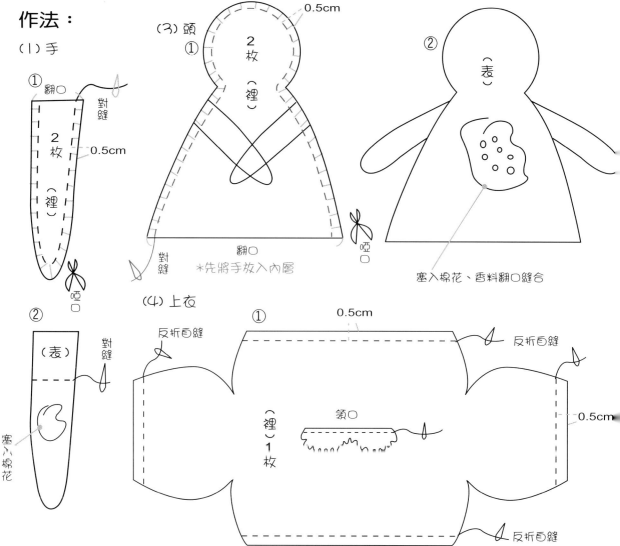

（1）手

① 翻口　對縫　2枚（裡）　0.5cm　啞口

② （表）　對縫　塞入棉花　啞口

（3）頭

① 0.5cm　2枚（裡）　對縫　翻口　*先將手放入內層

② （表）　塞入棉花、香料翻口縫合

（4）上衣

① 0.5cm　反折目縫　反折目縫　0.5cm　（裡）1枚　領口　反折目縫

② 對折成 $\frac{1}{2}$ 對縫後，翻到正面，領子翻出來

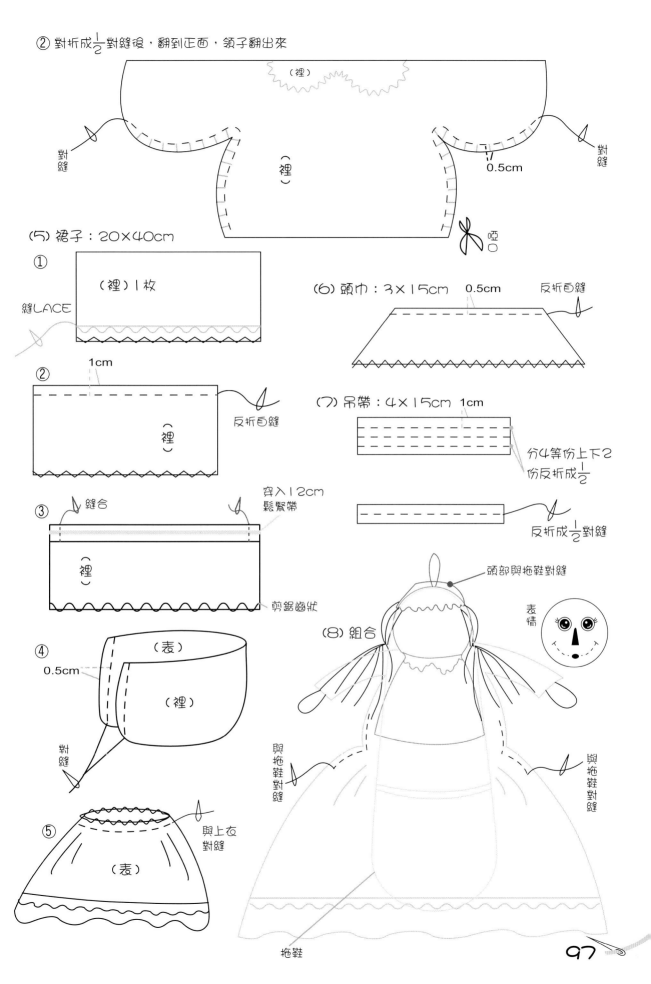

（裡）

（裡）

對縫

對縫

0.5cm

啞口

（5）裙子：20×40cm

① （裡）1枚

縫LACE

（6）頭巾：3×15cm　0.5cm　反折自縫

② 1cm

（裡）

反折自縫

（7）吊帶：4×15cm　1cm

分4等份上下2
份反折成 $\frac{1}{2}$

③ 縫合　穿入12cm
鬆緊帶

（裡）

剪鋸齒狀

反折成 $\frac{1}{2}$ 對縫

④ （表）

0.5cm

（裡）

對縫

（8）組合

頭部與拖鞋對縫

表情

與拖鞋對縫

與拖鞋對縫

⑤ （表）

與上衣
對縫

拖鞋

芳香布娃娃　紙型 _p.129

MEMO夾

生活小智慧
在娃娃背面加上小夾子，可作為MEMO夾來使用。

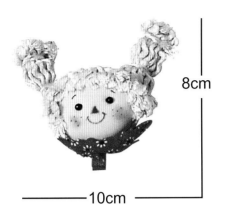

8cm

10cm

5cm

6cm

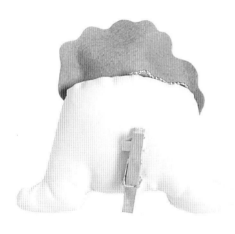

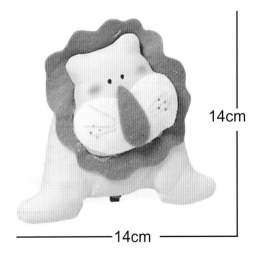

14cm

14cm

香草小妙用-芙蓉花
色彩豔麗的熱帶花朵，含有豐富的維他命C，以熱開水沖開後會呈現如紅寶石般般璀璨的顏色。性溫和、微酸，有利尿、治水腫的功能，對於月經不順、腹脹不適者有益。

男娃娃 MEMO夾

材料：

膚色針織布	8×8cm（臉）
棉線	少許（髮）
夾子	1個
花色棉布	1.5×15cm（蝴蝶結）
眼珠	2個
棉花	少許
香料	少許

完成品：5×6cm（寬）

女娃娃 MEMO夾

材料：

膚色針織布	8×8cm（臉）
棉線	少許（髮）
夾子	1個
花色棉布	1.5×15cm（蝴蝶結）
眼珠	2個
棉花	少許
香料	少許

完成品： 8×10cm（寬）

男娃娃作法：

（一）男生臉：直徑8cm圓

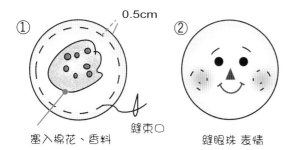

① 0.5cm
塞入棉花、香料
縫束口

② 縫眼珠 表情

③ 5cm×5條
前髮
對折黏於前額

④ 後髮8cm×20條
- - -黏於後腦

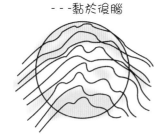

⑤ 正面
背面黏上夾子
正面黏上蝴蝶結

女娃娃作法：

（一）女生臉：同男娃娃，頭髮不同

① 前髮：2cm×20小條

②後髮：20cm×40小條
對折後再黏於後腦

③ 後髮：將頭髮往2側上方綁起來

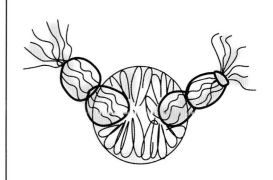

獅子相片夾／MEMO夾

材料：

菊布織布（鼻、鬃、腮幫子）	12×12cm
布織布（白）	8×5cm
黃色棉布（身體、頭）	30×200cm
夾子	1個
鉤鍊	1條
棉花、香料	少許
保麗龍膠或熱溶膠	
完成品：14×14cm	

獅子作法：

（一）頭

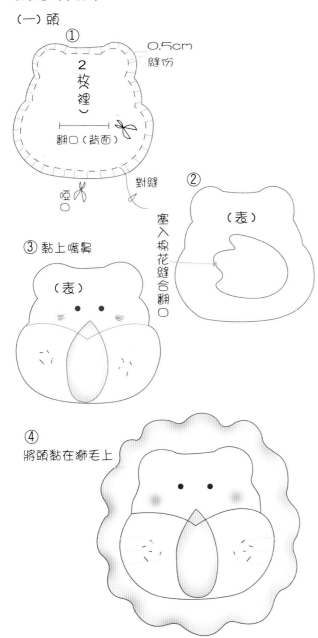

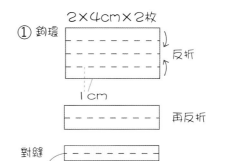

（二）身體　a.鉤環先縫在身體背片正面
　　　　　b.2片對縫
　　　　　c.翻口在前片上方

① 鉤環　2×4cm×2枚

反折

1cm

再反折

對縫

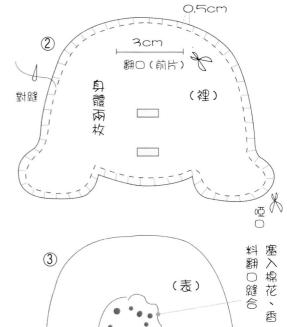

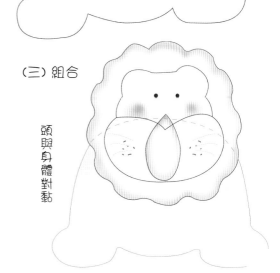

芳香布娃娃　紙型_*p.129*

吸鐵娃娃

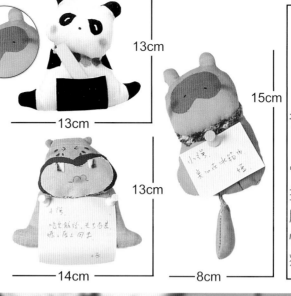

13cm
13cm
13cm
14cm
15cm
8cm

生活小智慧

在芳香娃娃背後黏上磁鐵，正面處釘上圖釘，可以釘便條紙。

香草小妙用－

迷迭香

它是一種強效的振奮劑，可活化腦細胞，增進記憶力。並具有鎮痛的效果。

海貍冰箱吸鐵

材料：

大頭釘	1個
吸鐵	1個
素色棉布（淺色）	20×20cm
素色棉布（深色）	5×4cm
毛線或緞帶	1條（15cm）
棉花、香料	少許

完成品： 15×8cm

貓熊冰箱吸鐵

材料：

棉花、香料	少許
白色棉布	20×15cm
黑色棉布	10×10cm
吸鐵	1個
小花	5個

完成品：13×13cm

貓熊作法：

（1）頭：作法同P101獅子相片夾

（2）身體：作法同P101獅子相片夾

＊前面先縫一口袋3.5×5cm在貼上手腳。

河馬冰箱吸鐵

材料：

棉花、香料	少許
素色棉布	（頭、身）
素色棉布（嘴）	10×5cm
素色棉布（嘴）	8×4cm
吸鐵	1個

完成品：13×14cm

河馬作法：

（1）頭：作法同P101獅子相片夾
嘴、牙齒用黏的。

（2）身體：作法同P101獅子相片夾。

海貍作法：

（1）頭：作法同P101獅子相片夾。

（2）身體：作法同P101獅子相片夾。

＊可直接在背面黏上吸鐵或在後片先挖一個洞，
在黏上吸鐵。

（3）頸子圍上圍巾。

（4）尾巴。

（5）組合。

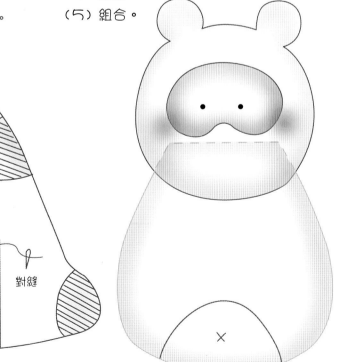

對縫

0.5cm

門飾娃娃

生活小智慧

利用現成的門把套、圓環、木塊，加上布娃娃，可作成芳香門飾裝飾。

心形門口掛飾/相片掛飾

材料：

白色棉布	18×30cm（中間大心形）
花色棉布	10×20×14枚
	（外圍小心形）
香料	少許
棉花	少許
垃圾帶空捲筒	1個
繩子	90cm
硬紙板	18×15cm（中間大心形）
鐵絲	15cm

完成品：45×40cm（寬）

心形掛飾作法：

（1）外圍心形

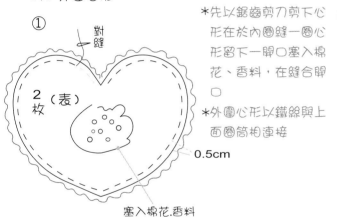

*先以鋸齒剪刀剪下心形在於內圈縫一圈心形留下一開口塞入棉花、香料，在縫合開口

*外圍心形以鐵絲與上面圈筒相連接

② 每一個心形以熱溶膠互黏。

（2）中間大心形

① 剪下紙形硬紙板，即2枚白棉布。

② 一枚白棉布袖上字體，2枚棉布角與硬紙板對黏。

③ 心形上、下端角以線與外圍心形相連接。

④ 心形另一面可貼照片。

⑤ 心形外圈以花棉布（2cm×90cm）縫皺黏上。

（3）捲筒

① 黏上花色棉布。

② 2側7cm處，打2個洞，以繩子穿過與外圍心形相連接。

③ 繩子上可綴以花碎布。

房門把娃娃

材料：

門把套	1個
文化線（或其他代替線）	20cm
膚色針織布（臉）	10×10cm
胚布（身體）	12×12cm
棉線（3股）髮	少許
格子棉布（衣）	40×32cm
花色棉布（裙、頭巾）	20×15cm
LACE蕾絲	30cm
眼珠	2個
緞帶	少許
細鐵絲	15cm

完成品：12（寬）×18cm（長）

門把娃娃作法：

（1）臉

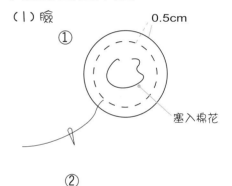

塞入棉花

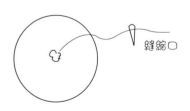

縫縮口

（2）髮：前＋後髮　10cm×6條（等於18小條）

① 前　　　　　② 後　　　　　　　　（3）頭巾

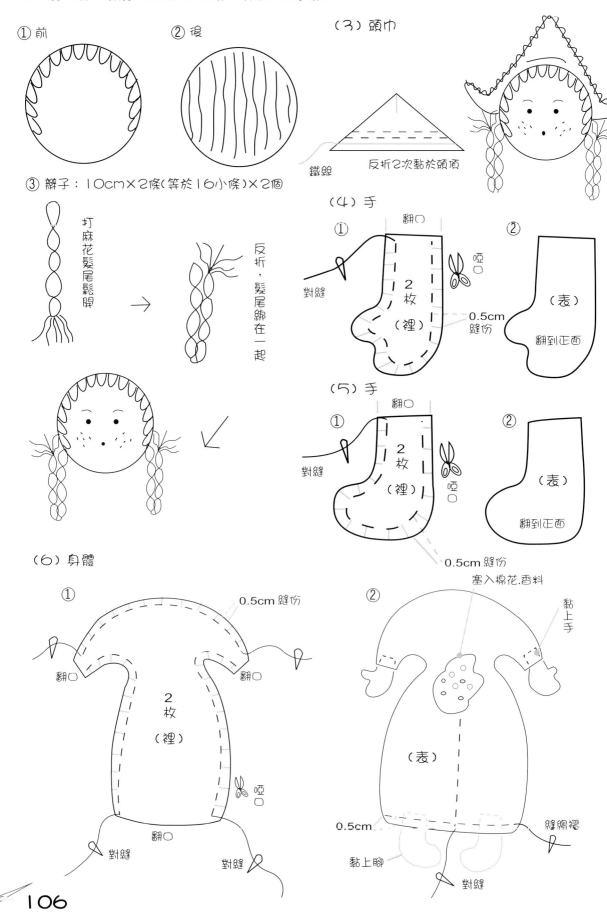

鐵絲　　　反折2次黏於頭頂

③ 辮子：10cm×2條（等於16小條）×2個

打麻花髮尾鬆開

反折，髮尾綿在一起

（4）手

① 翻口　　②
對縫　　2枚（裡）　　啞口　　0.5cm縫份

（表）　翻到正面

（5）手

① 翻口　　②
對縫　　2枚（裡）　　啞口

（表）翻到正面

0.5cm 縫份

（6）身體

塞入棉花.香料

① 　　　　　　　0.5cm 縫份

翻口　　翻口
翻口
2枚（裡）　啞口

翻口
對縫　　對縫

②
黏上手

（表）

0.5cm　　縫纈褶

黏上腳　　對縫

106

（7）吊帶裙：18×10cm

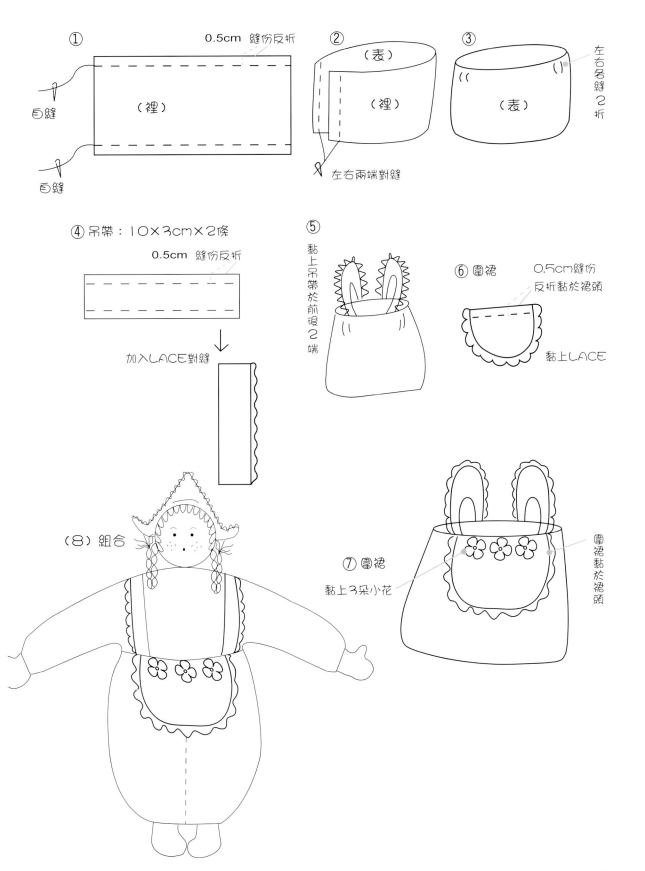

① 0.5cm 縫份反折
自縫
自縫
（裡）

② （表）
（裡）
左右兩端對縫

③ 左右各縫2折
（（
（表）

④ 吊帶：10×3cm×2條
0.5cm 縫份反折

加入LACE對縫

⑤ 黏上吊帶於前後2端

⑥ 圍裙　0.5cm縫份
反折黏於裙頭
黏上LACE

⑦ 圍裙
黏上3朵小花
圍裙黏於裙頭

（8）組合

SWEET HOME娃娃

材料：

木塊（或自裁高密度珍珠板）1塊
緞帶　　　　　　　45cm
胚布（頭.身.手.腳）40×40cm
掛鉤　　　　　　　4個
細麻繩　　　　　　60cm
棉線　　　　　　　少許
素色棉布　　　19×7cm
（木塊上之棉布，以所有木塊大小決定）
素色棉布　　　裙：14×45cm（洋裝）
　　　　　　　上衣：6×13cm（鞋子）
花色棉布　　　14×30cm（内長褲）
花色棉布　　　11×50cm（圍裙）
緞帶　　　　　12cm（當襪子）
木釦　　　　　2個
棉花　　　　　少許
香料　　　　　少許
完成品：24×38cm（長）

娃娃作法：

（1）木塊吊牌

① 一木塊形狀，剪下內圈之棉花，SHOW上字母，外圈在黏上花形緞帶。

② 木塊背面釘4個掛鉤（上面2個用以掛在牆上或門上釘子）下面2個用以鉤住連結娃娃的繩子。

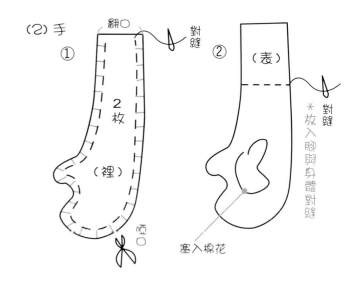

（2）手　①　②　（表）

2枚（裡）

塞入棉花

＊放入腳與身體對縫

翻口　對縫

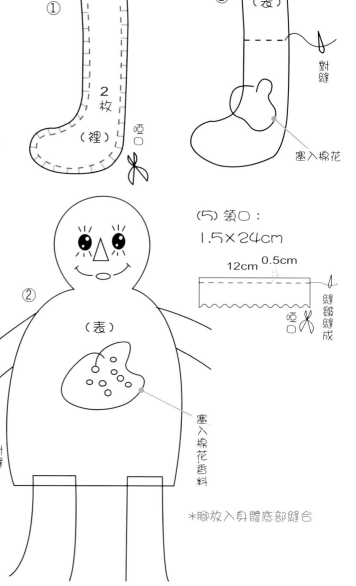

（3）腳　①　②　（表）

2枚（裡）

塞入棉花

翻口　對縫

（5）領口：
1.5×24cm

12cm　0.5cm

縫皺縫成

（4）身體　①

2枚　（裡）

對縫

翻口

＊將手放入裡層

②　（表）

塞入棉花.香料

＊腳放入身體底部縫合

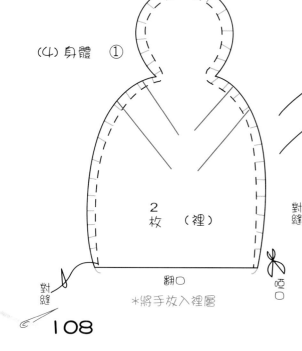

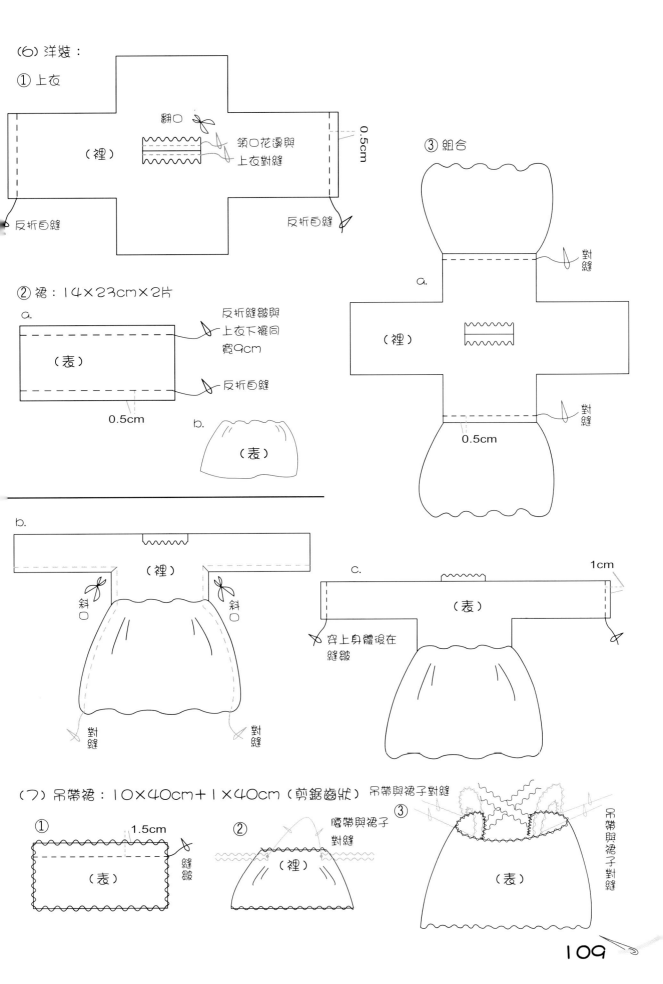

(6) 洋裝：

① 上衣

翻口

領口花邊與
上衣對縫

0.5cm

（裡）

反折自縫

反折自縫

② 裙：14×23cm×2片

a.

（表）

反折縫皺與
上衣下襬同
寬9cm

反折自縫

0.5cm

b.

（表）

③ 組合

對縫

a.

（裡）

對縫

0.5cm

b.

（裡）

斜
口

斜
口

對縫

對縫

c.

1cm

（表）

穿上身體後在
縫皺

對縫

對縫

(7) 吊帶裙：10×40cm+1×40cm（剪鋸齒狀）

吊帶與裙子對縫

①

1.5cm

（表）

縫皺

②

臆帶與裙子
對縫

（裡）

③

（表）

吊帶與裙子對縫

109

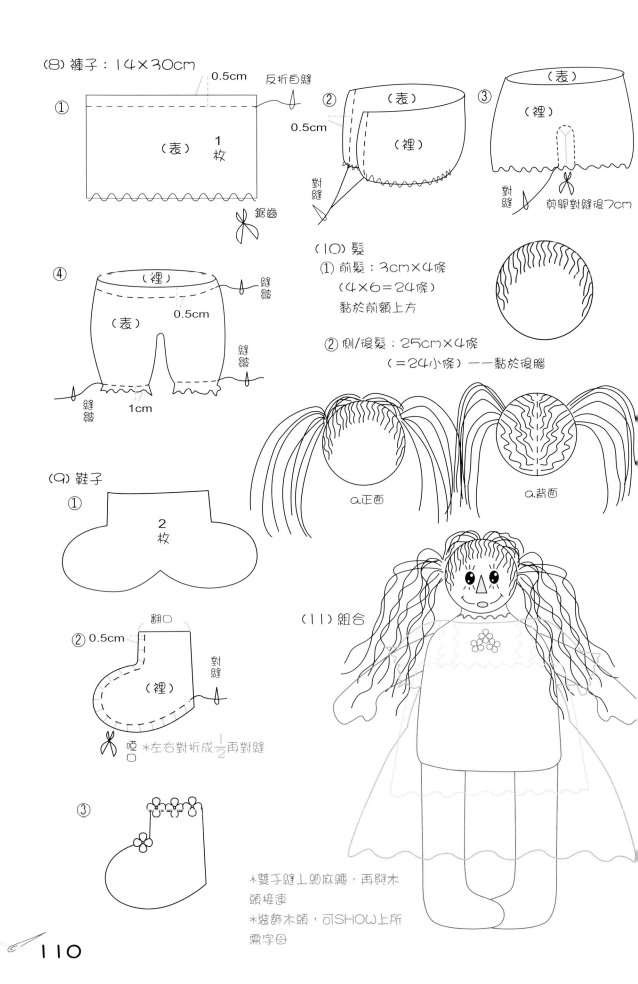

(8) 褲子：14×30cm

① 0.5cm　反折自縫

（表）　1 枚

鋸齒

② 0.5cm
（表）
（裡）
對縫

③ （表）
（裡）
對縫　剪開對縫後7cm

④ （裡）
（表）
縫皺
0.5cm
縫皺
縫皺
1cm

(10) 髮
① 前髮：3cm×4條
（4×6＝24條）
黏於前額上方

② 側/後髮：25cm×4條
（＝24小條）——黏於後腦

a.正面　　　a.背面

(9) 鞋子
① 2 枚

② 0.5cm　翻口
（裡）
對縫
嗶口　＊左右對折成 $\frac{1}{2}$ 再對縫

③

(11) 組合

＊雙手縫上細麻繩，再與木頭接連
＊裝飾木頭，可SHOW上所需字母

WELCOME 小兔

材料：

胚布	40×40cm
圓環	1個（皮包把手）
花色棉布	26×26cm（女生衣服）
花色棉布	12×26cm（女生長褲）
花色棉布	34×26cm（男生長褲）
花色棉布	1×30cm（女生蝴蝶結.鞋）
花色棉布	1×30cm（男生蝴蝶結.鞋）
花色棉布	1×30cm（女生蝴蝶結.頭上）
花色棉布	1×30cm（男生蝴蝶結.頭上）
珍珠板	3×7cm
小花	4個　　木釦　　1個
香料	少許　　棉花　　少許
鐵絲	12cm

完成品：22×25cm（長）

小兔作法：

（1）耳　①②

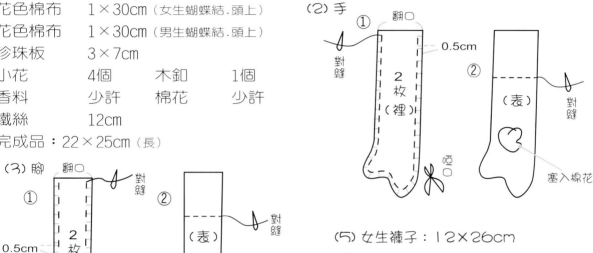

（2）手　①②

塞入棉花

（4）頭/身

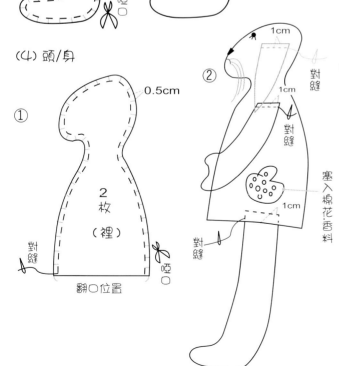

翻口位置

②

塞入棉花香料

（3）腳　①②

塞入棉花

（5）女生褲子：12×26cm

① 0.5cm （表）1枚　反折自縫

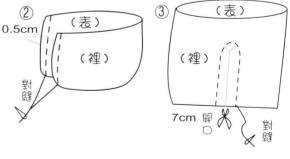

② ③

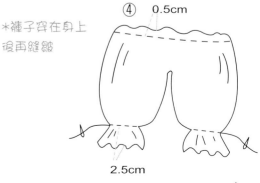

7cm 開口　對縫

④ 0.5cm

*褲子穿在身上
後再縫皺

2.5cm

（6）女生衣服

① 領口
反折自縫
反折自縫
反折
0.5cm
反折自縫
0.5cm

② 上下反折成 $\frac{1}{2}$
0.5cm
（裡）
斜
斜

③ （表）
穿上身體後縫束口

④ （表）

（7）男生連身褲

① 0.5cm
反折自縫
領口位置
反折
0.5cm
反折自縫
反折自縫
（裡）
反折自縫
0.5cm

③ 0.5cm
連身褲穿上身後縫皺
2cm
連身褲穿上身後縫皺

④ 於腰側縫3-4摺縫出腰身
（表）

② 上下反折成 $\frac{1}{2}$
（裡）
斜
斜
0.5cm
對縫
開
7cm
對縫
對縫

（8）
① 珍珠板剪成紙形
② 另剪2片橘色布貼於珍珠板上在SHOW上字母
③ 以3跟不等長鐵線插入黏於頂端
④ 以線連接於女生兔子手上

（9）將兔娃娃用線固定於圓形木環上

香草小妙用-鼠尾草

自古即為當作藥草使用，本身帶一股清爽的香味。含黃酮糖成份，可紓解情緒、解除焦慮。使用精油時，能讓人產生幸福感，平衡心情。

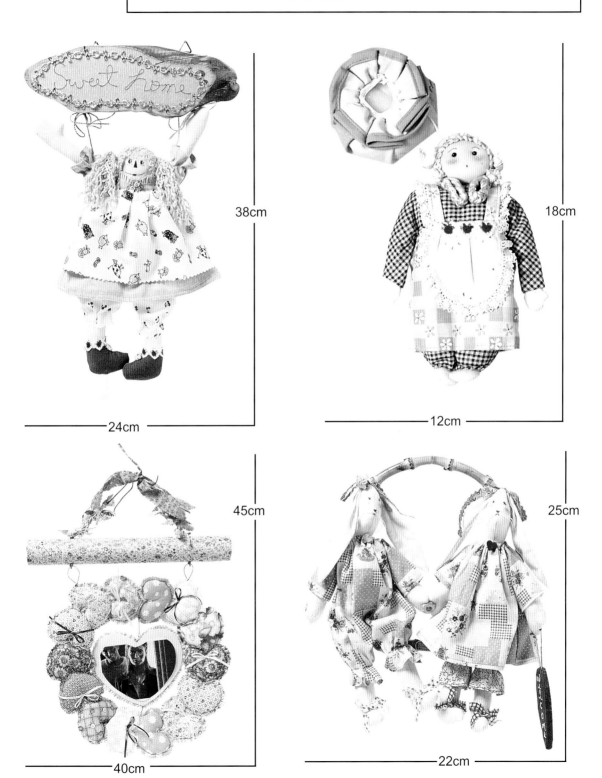

衣櫥娃娃

生活小智慧

將娃娃縫上吊繩，可吊於衣櫥內，
作為衣櫥芳香包使用。

14cm

14cm

17cm

14cm

14cm

14cm

香草小妙用-橙花

其為白色柑菊花的乾燥品，
具有清新、甘甜的香味。可
消除緊張及不安的情緒，穩
定心情。

衣櫥/窗戶掛飾

材料：

裡布	30×30cm
寬版LACE花邊（8cm寬）	180cm
緞帶	15cm
小花	1朵
棉繩	少許
眼珠	2個
香料	少許
棉花	少許

完成品：17（高）×14cm（寬）

（3）表情

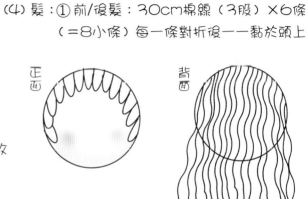

（4）髮：① 前/後髮：30cm棉線（3股）×6條
（＝8小條）每一條對折後——黏於頭上

作法：

（1）香包（身體）：12×13cm（長）×2枚

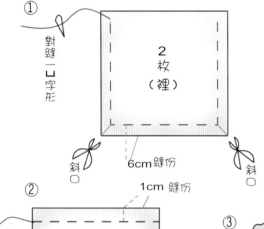

① 對縫一口字形

2枚（裡）

斜口　　6cm縫份　　斜口

② 1cm 縫份

（表）

塞入棉花·香料

翻到正面後，上方縫縮口

③

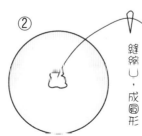

② 側髮：30cm×2條（＝6小條）

a.黏於頭的左右兩側（橫對中間）
b.再耳際將側髮綁一結辮

（2）頭

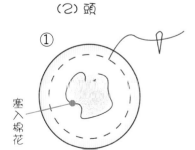

① 塞入棉花

② 縫縮口·成圓形

(5) 裡裙：25×13cm（長）

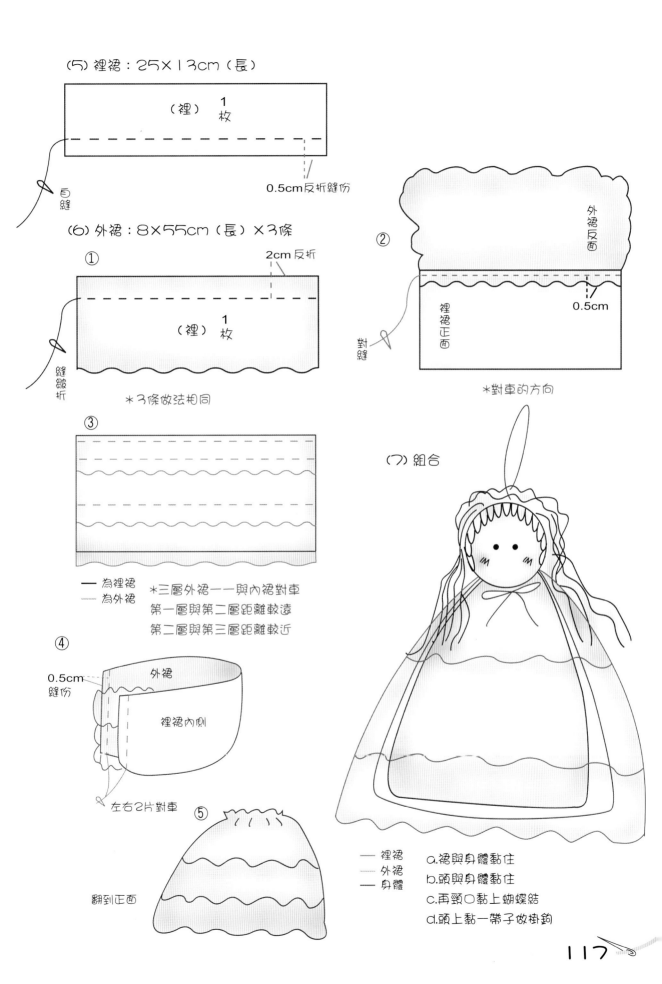

（裡） 1 枚

0.5cm反折縫份

自縫

(6) 外裙：8×55cm（長）×3條

① 2cm反折

（裡） 1 枚

縫皺折

＊3條做法相同

②

外裙反面

裡裙正面

0.5cm

對縫

＊對車的方向

③

── 為裡裙
╌╌ 為外裙

＊三層外裙──與內裙對車
第一層與第二層距離較遠
第二層與第三層距離較近

(7) 組合

④

0.5cm
縫份

外裙

裡裙內側

左右2片對車

⑤

翻到正面

── 裡裙
╌╌ 外裙
── 身體

a.裙與身體黏住
b.頭與身體黏住
c.再頸口黏上蝴蝶結
d.頭上黏一帶子做掛鉤

衣櫥芳香娃娃（吊飾）

材料：

膚色針織布	10×10cm（臉）
棉線	少許
花色棉布	30×30cm
花邊	20cm
棉花	少許
香料	少許
小花	1朵
鐵絲	30cm

完成品：14×14cm

作法：

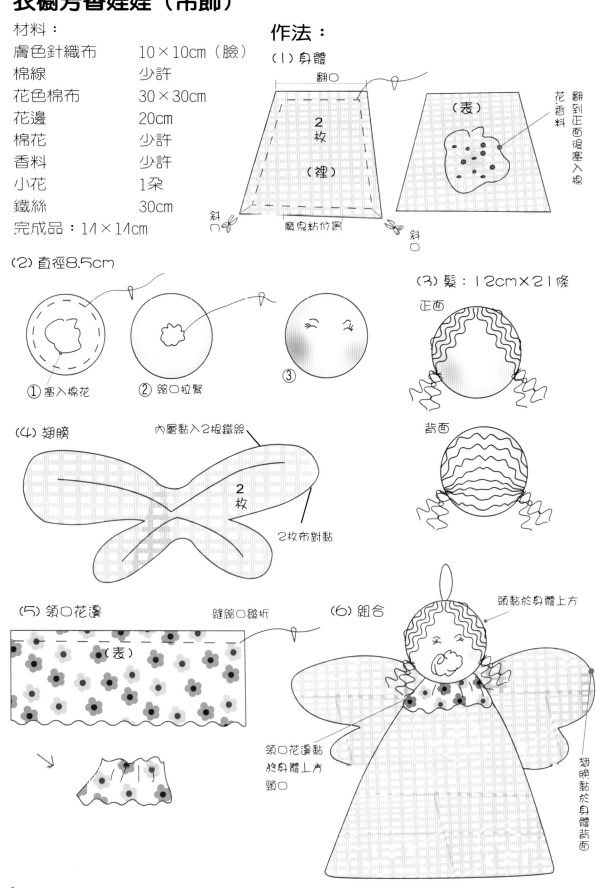

（1）身體

翻口

2枚

（裡）

魔鬼粘位置

斜口

（表）

花香料

翻到正面後塞入棉

斜口

（2）直徑8.5cm

① 塞入棉花

② 縮口拉緊

③

（3）髮：12cm×21條

正面

背面

（4）翅膀

內層黏入2根鐵線

2枚

2枚布對黏

（5）領口花邊

（表）

縫縮口皺折

（6）組合

頭黏於身體上方

領口花邊黏
於身體上方
頸口

翅膀黏於身體背面

衣櫥香包娃娃/吊飾

材料：

膚色針織布	10×10cm（臉）
棉質雷絲布	
緞帶	15cm
小花	1朵
棉線（6股）	
鐵絲	15cm
棉花	少許
香料	少許

完成品：14×14cm

作法：

（1）身體：同衣櫥芳香娃娃P118

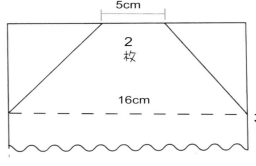

2枚

5cm

16cm

將雷絲棉布底部剪下來當領口花邊

（2）頭：同衣櫥芳香娃娃P118

（3）髮：①前髮：2cm×6條（6股）

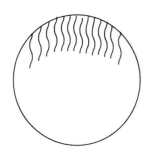

*髮眼每股棉繩

②後髮：12cm×7條

*髮尾髮眼

③正面

（4）花邊縫領口：同衣櫥芳香娃娃P118

（5）翅膀

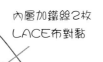

2枚

內層加鐵絲2枚
LACE布對黏

（6）組合

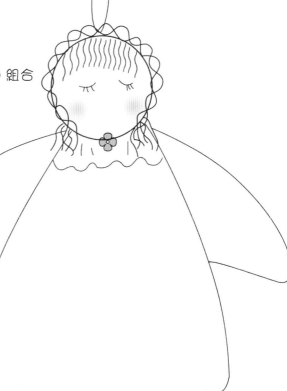

芳香布娃娃　線稿 _p.137_

夾子娃娃

生活小智慧

把夾子縫置於娃娃內，並填入香料即成為芳香夾子娃娃，可夾名片、便條或照片等用途。

6cm

10cm

26cm

8cm

8cm

23cm

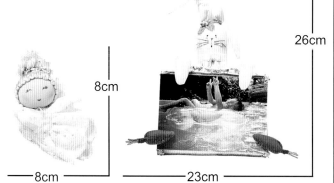

香草小妙用－
歐石楠

含豐富礦物質，茶飲可利尿，殺菌，鎮定，治療腎病及尿道細菌性之感染，用來浸泡沐浴可紓解風濕，關節等疼痛。

夾子乳牛

材料：

鈴鐺	1個
棉質白色布（頭、身）	20×20cm
棉質黑色布（斑塊）	10×10cm
文化線	15cm
白棉線或白鞋帶（尾）	8cm
衣夾子	1個
棉花	少許
香料	少許

完成品：6×10cm

乳牛作法：

（1）耳

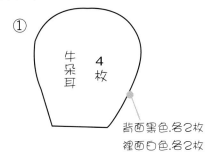

① 牛朵耳 4枚

背面黑色.各2枚
裡面白色.各2枚

② 2枚（裡） 0.5cm 縫份

翻口 縫一摺 縫一圈

（2）角

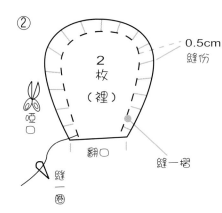

① 4枚

② （裡） 0.5cm 縫份 翻口

（3）頭

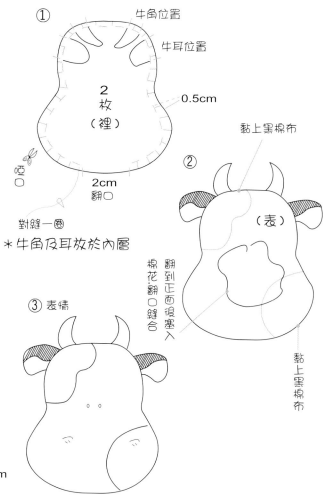

① 牛角位置 牛耳位置 2枚（裡） 0.5cm

對縫一圈
＊牛角及耳放於內層

2cm 翻口

② （表） 黏上黑棉布
黏上黑棉布
翻到正面後塞入棉花.翻口縫合

③ 表情

（4）身體＝同P122夾子娃娃
　　＊尾部黏-尾巴
　　＊身體部份黏上數個不規則黑塊，黏於身體上
　　＊腳掌＝ 4枚 黏於4肢尾端

（5）組合

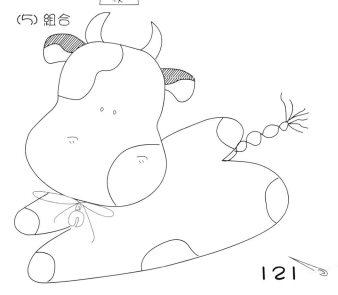

夾子娃娃

材料：

衣夾子	1個
膚色針織布（頭）	10×10cm
緞帶	少許（髮帶）
花邊	15cm（領口）
棉質雷絲邊	3×45cm×2條
花色棉布	10×10cm（內褲）
白色棉布	12×12cm（身體）
棉線（3股）	少許（髮）

完成品：8×8cm

夾子娃娃作法：

（1）頭

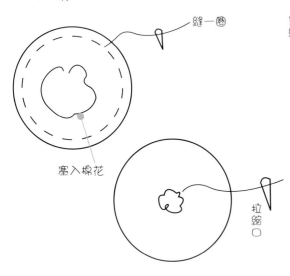

縫一圈

塞入棉花

拉縮口

（2）髮：10cm×10條（＝30小時）

＊每一條對折——年於頭上

前　　　後

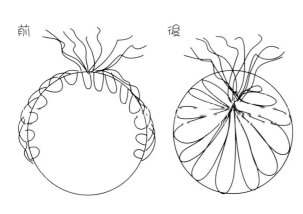

（3）裙

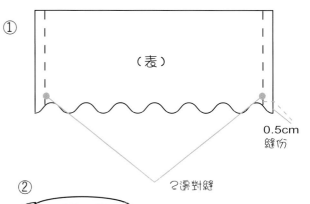

① （表）

0.5cm
縫份

2邊對縫

② （表）（裡）對縫

0.5cm

③ 縫皺摺 （表）

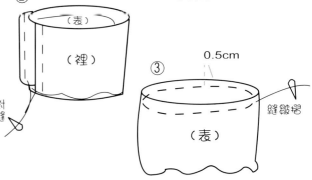

④

（4）身體

0.5cm

① 翻口　2枚（裡）　開口　2枚對縫　啞

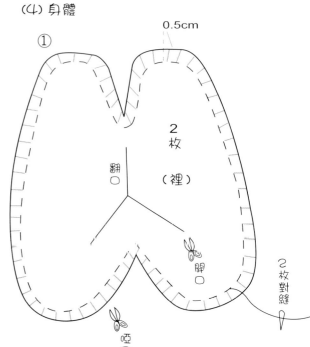

122

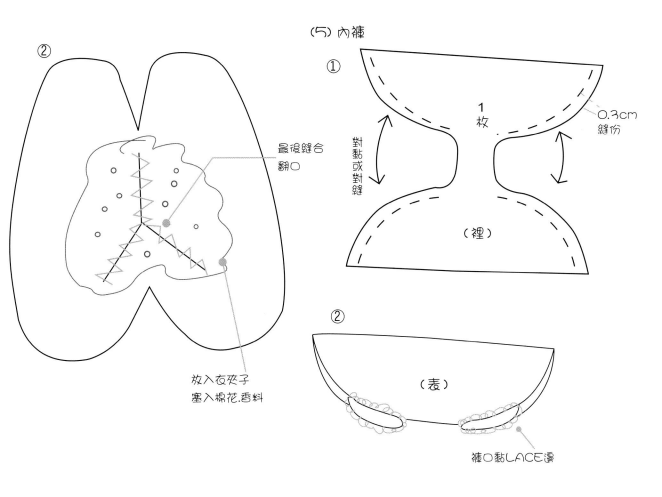

② (5) 內褲

①

1枚

0.3cm 縫份

對黏或對縫

（裡）

最後縫合 翻口

放入衣夾子 塞入棉花.香料

②

（表）

褲口黏LACE邊

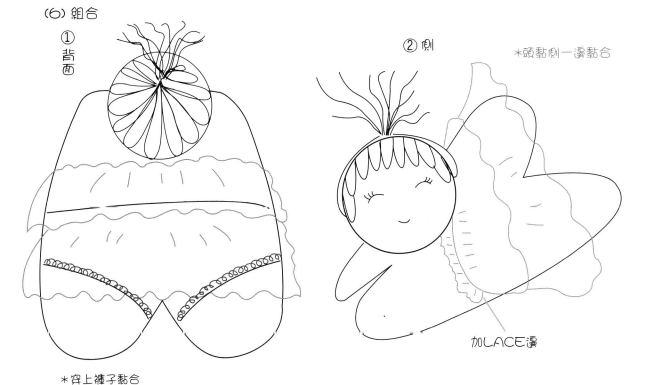

(6) 組合

① 背面

② 側

＊頭黏側一邊黏合

加LACE邊

＊穿上褲子黏合
＊穿上裙子黏合

相框/MEMO夾兔子

材料：

胚布 (頭.身.手)	45×30cm
橘色棉布 (紅蘿蔔)	10×10cm
素色棉布 (相框)	32×24cm
花色棉布 (披肩)	60×9cm
素色棉布 (褲)	40×10cm
棉質LACE蕾絲	25×5cm (領口)
棉質LACE蕾絲	40×2cm (褲口)
文具夾	4個
魔鬼粘	2cm
緞帶	9cm
小花	1朵
鐵絲	15cm
香料	少許
棉花	少許
硬紙板	15×11cm

完成品：23 (寬) ×26cm (高)

作法：

(1) 身體：做法同兔子名片盒P31

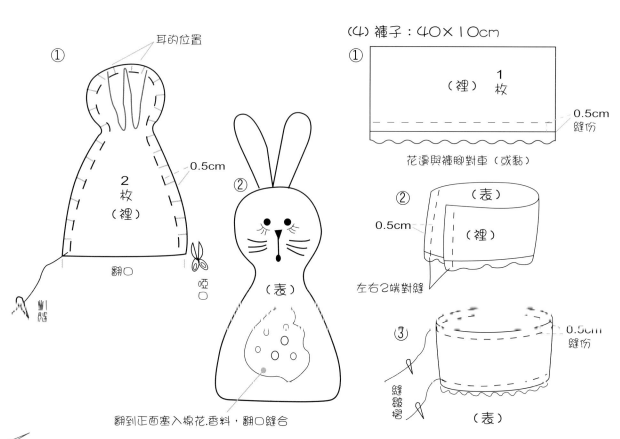

(2) 領口花邊：25×5cm

① (表) 1枚

0.5cm 縫份、反摺自黏

② (表) (裡) 左右2邊對車

③ (表) 1.5cm 縫份 縫皺摺

④

(3) 披肩：60×9cm

做法同領口花邊

① 耳的位置 2枚 (裡) 0.5cm 翻口 啞口 刺繡

② (表) 翻到正面塞入棉花.香料，翻口縫合

(4) 褲子：40×10cm

① (裡) 1枚 0.5cm 縫份

花邊與褲腳對車 (或黏)

② (表) 0.5cm (裡) 左右2端對縫

③ 縫皺摺 0.5cm 縫份 (表)

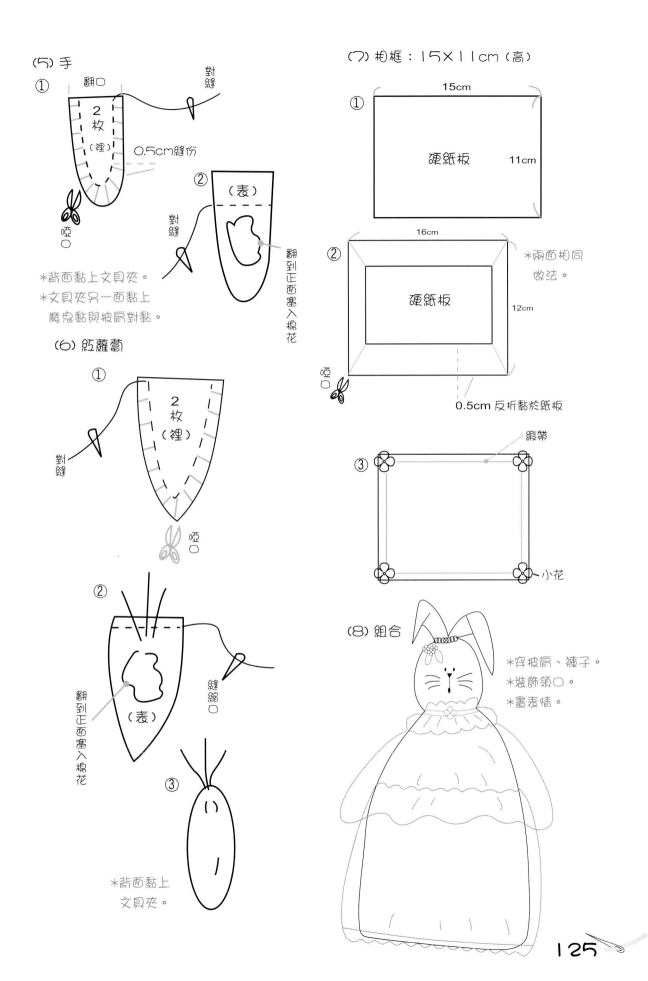

(5) 手

① 翻口　對縫

2枚（裡）

0.5cm縫份

啞口

② （表）

對縫

翻到正面塞入棉花

*背面黏上文具夾。
*文具夾另一面黏上
　魔鬼黏與披肩對黏。

(6) 紅蘿蔔

① 對縫

2枚（裡）

啞口

② 翻到正面塞入棉花

（表）

縫縮

③

*背面黏上
　文具夾。

(7) 相框：15×11cm（高）

① 15cm

硬紙板　11cm

② 16cm

硬紙板　12cm

*兩面相同
　做法。

啞口

0.5cm 反折黏於紙板

③ 緞帶

小花

(8) 組合

*穿披肩、褲子。
*裝飾領口。
*畫表情。

放大倍率160％
即為原本尺寸
單位/公分

小豬MOUSE墊
身2枚

豬耳1枚

豬嘴1枚

老鼠MOUSE墊
身2枚

尾巴位置

翻口位置

翻口位置

小雞翅膀1枚

小雞嘴1枚

老鼠耳朵2枚

螯角1枚

頭2枚

青蛙鞋塞除臭包

翻口位置

翻口位置

嘴位置

小雞MOUSE墊
身2枚

螃蟹MOUSE墊
身2枚

腳位置

腳位置

翻口位置

身2枚

小兔鞋塞除臭包

腮紅2枚

身2枚

猴子鞋塞除臭包

內臉1枚

身2枚

毛蟲鞋塞除臭包

翻口位置

翻口位置

翻口位置

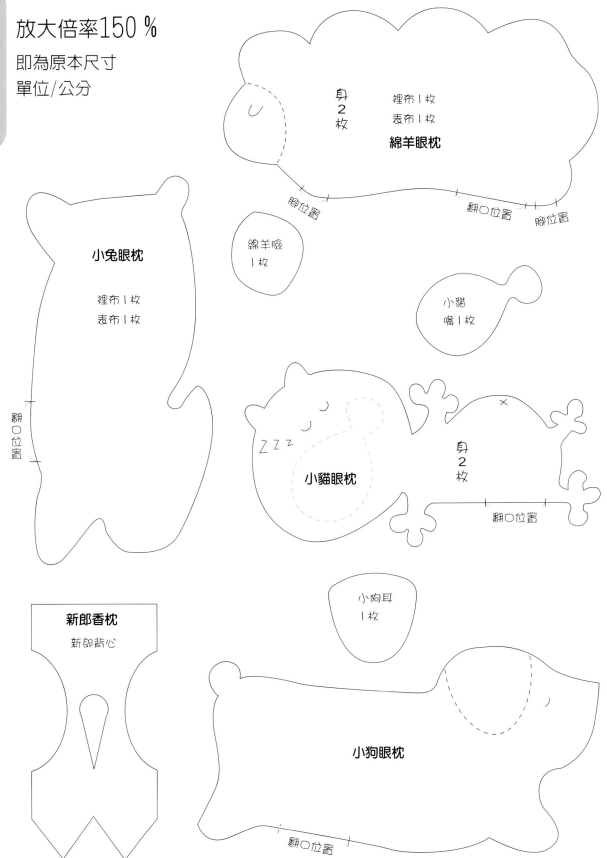

放大倍率150 ％
即為原本尺寸
單位/公分

身
2
枚

裡布1枚
表布1枚

綿羊眼枕

腳位置

翻口位置

腳位置

小兔眼枕

裡布1枚
表布1枚

綿羊臉
1枚

小貓
嘴1枚

翻口位置

ZZZ

小貓眼枕

身
2
枚

×

翻口位置

小狗耳
1枚

新郎香枕

新郎背心

小狗眼枕

翻口位置

127

放大倍率160％

即為原本尺寸

單位/公分

臉 2 枚
新郎
新娘

心型娃娃

身 2 枚

翻口位置

衣服 1 枚

心形小兔窗簾掛飾

翻口位置

小狗窗簾鈎帶

帶子位置

帶子位置

繩子位置

繩子位置

心形小兔窗簾掛飾

左邊心形
兔子位置

右邊心形
兔子位置

心形 4 枚

繩子位置

繩子位置

小心形

2 枚

小兔心形窗飾

翻口位置

翻口位置

翻口位置

翻口位置

耳朵位置

手位置

手位置

2 枚

翻口位置

翻口位置

手 4 枚

腳 4 枚

翻口位置

腳位置

耳（但布）3枚
（花布）2枚

翻口位置

右邊大心形

繩子位置

右邊大心形

右邊大心形

翻口位置

右邊大心形

繩子位置

左邊兔子
黏貼位置

右邊大心形

繩子位置

右邊大心形

4 枚

左邊兔子
黏貼位置

右邊兔子
黏貼位置

放大倍率160%

即為原本尺寸

單位/公分

翻口位置（前片）

身 獅
2 子
枚

獅子MEMO夾

衣
1
枚

領口位置

兩小無猜拖鞋信插

獅
獅毛一枚
子

頭 獅
2 子
枚

翻口位置（後片）

手位置

小朋友

身
2
枚

手位置

翻口位置

翻口位置（後片）

腳位置

翻口位置

腳位置

翻口位置

獅子鼻一枚

獅子
腮幫子1枚

腳
4
枚

小朋友

小朋友

手4枚

小朋友
裙擋片1枚

頭 海
2 狸
枚

翻口位置（後片）

海狸眼框
1枚

2 頭貓
枚 部熊

眼 眼

翻口位置（後片）

貓熊冰箱吸鐵

貓熊耳2枚

翻口位置（前片）

海狸冰箱吸鐵

2 海
枚 狸
身

×

翻口

尾 海
巴 狸
2
枚

翻口位置（前片）

2 身貓
枚 體熊

貓熊
手2枚

貓熊
腳2枚

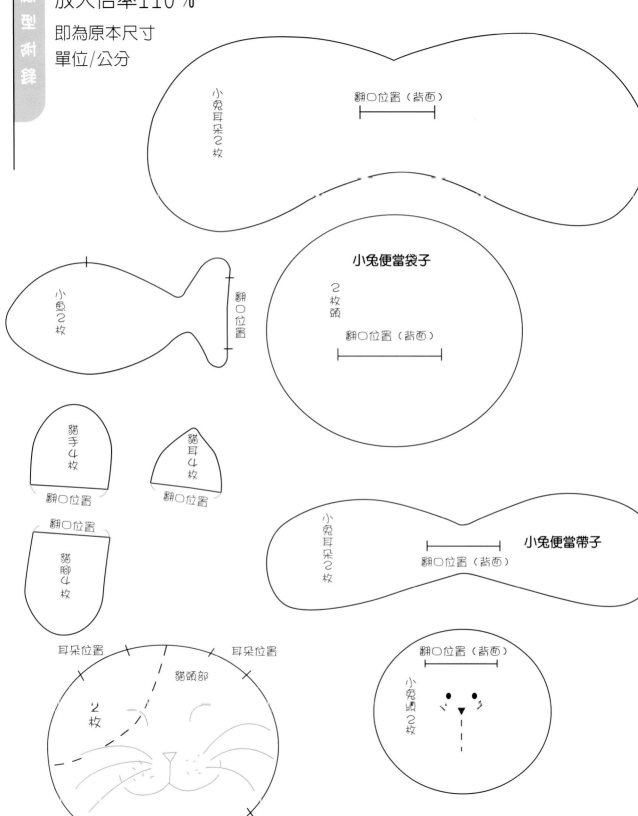

小兔耳朵2枚

翻口位置（背面）

小魚2枚

翻口位置

小兔便當袋子

2枚頭

翻口位置（背面）

貓手4枚

翻口位置

貓耳4枚

翻口位置

翻口位置

貓腳4枚

小兔耳朵2枚

翻口位置（背面）

小兔便當帶子

翻口位置（背面）

小兔頭2枚

耳朵位置

耳朵位置

貓頭部

2枚

翻口位置

手的位置

手的位置

放大倍率140 %
即為原本尺寸
單位/公分

牛鼻位置　牛嘴2枚
翻口位置（背面）

耳朵位置　　　　耳朵位置

頭2枚　乳牛毛巾環

♡　♡

牛耳4枚

翻口位置

翻口位置

豬頭部2枚　吊帶位置　小豬毛巾環

乳牛毛巾環
衣2枚
⊗暗釦位置

內釦帶位置

翻口位置

豬鼻2枚

翻口位置

吊帶位置

虎鼻1枚

翻口位置

娃娃毛巾環

手的位置　身體2枚　手的位置

娃娃手4枚

虎頭2枚

老虎毛巾環

虎嘴2枚　翻口

翻口位置

翻口位置

繩子加入位置

娃娃衣袖2枚

老虎毛巾環
衣2枚
⊗暗釦位置

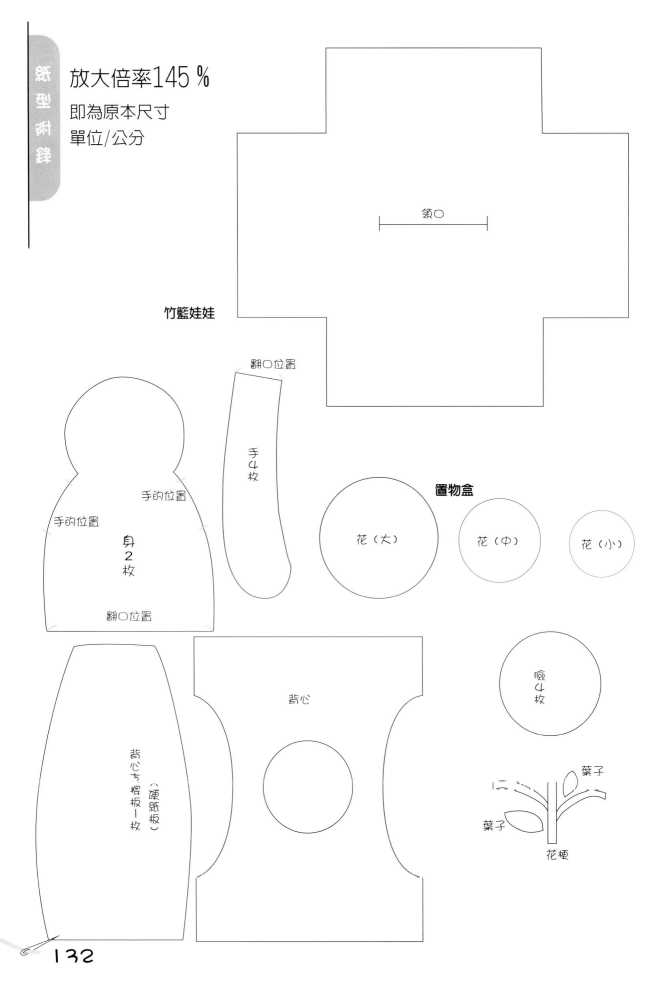

放大倍率145％

即為原本尺寸

單位/公分

領口

竹籃娃娃

翻口位置

手的位置

手的位置

身2枚

翻口位置

手4枚

置物盒

花（大）

花（中）

花（小）

背心

背心卡紙板一枚（硬紙板）

臉4枚

葉子

葉子

花梗

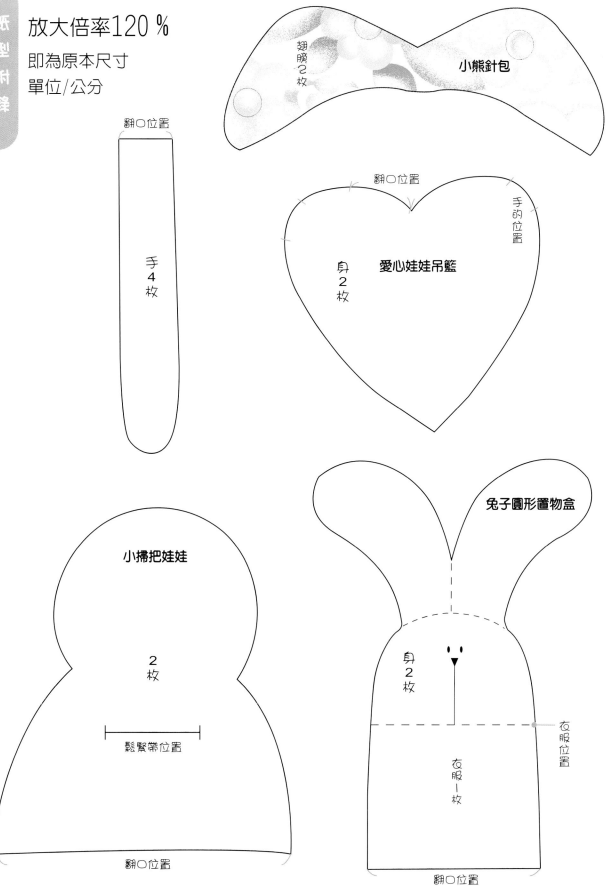

放大倍率120 ％
即為原本尺寸
單位/公分

紙型附錄

翻口位置

手
4
枚

翅膀2枚

小熊針包

翻口位置

手的位置

身
2
枚

愛心娃娃吊籃

小掃把娃娃

2
枚

鬆緊帶位置

翻口位置

兔子圓形置物盒

身
2
枚

衣服位置

衣服一枚

翻口位置

翻口位置

放大倍率160 %
即為原本尺寸
單位/公分

頭
2枚

翻口位置(背面)

前片
(上)
1枚

(中)
1枚

(下)
1枚

⊗ 暗釦.尾巴位置
(裡)(表)

小豬掛鉤

翻口位置(前片)

身體2枚

背片位置(後片)

嘴
一枚

頭
2枚

小熊剪刀套子

2枚

翻口位置(背面)

翻口位置(背片)

手4枚

車線位置

翻口位置(前片)

身體2枚

背帶位置(前片)

腳
2枚

翻口位置

表布(背面)1枚

裡部8枚

尾巴一枚

腮紅2枚

翻口位置

放大倍率160％

即為原本尺寸
單位/公分

衣服1枚

衣服開口位置

房門把娃娃

翻口位置

手
4
枚

翻口位置

腳
4
枚

身體
2
枚

圍裙
1
枚

翻口/腳位置

SWEET HOME娃娃

翻口位置　翻口位置

手
4
枚

腳
4
枚

手的位置　　　手的位置

身體
2
枚

翻口位置

腳
的
位
置　　　腳
的
位
置

臉
1
枚

28
枚

翻口位置

鞋
2
枚

2
枚　心形門口掛飾

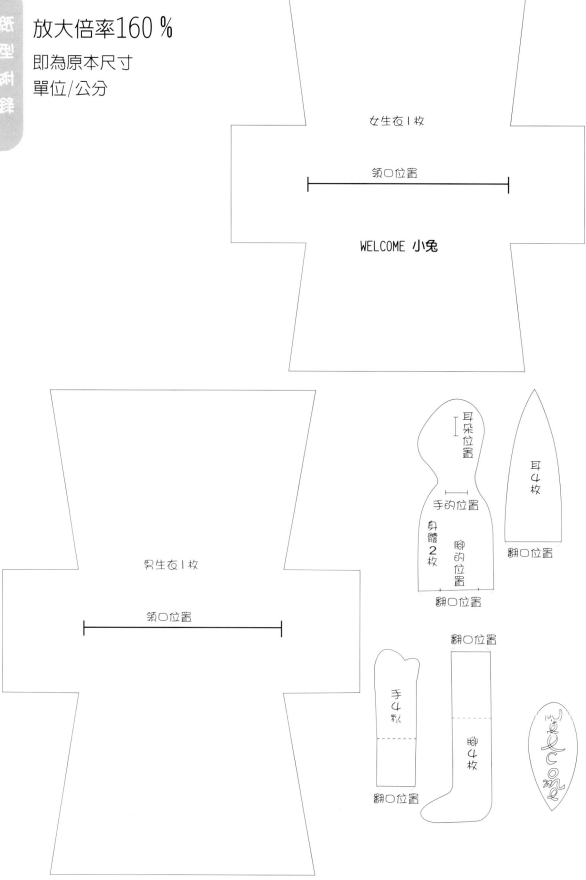

放大倍率160%

即為原本尺寸

單位/公分

女生衣1枚

領口位置

WELCOME 小兔

男生衣1枚

領口位置

耳朵位置

手的位置

身體2枚

腳的位置

翻口位置

耳4枚

翻口位置

翻口位置

手4枚

腳4枚

翻口位置

翻口位置

WELCOME

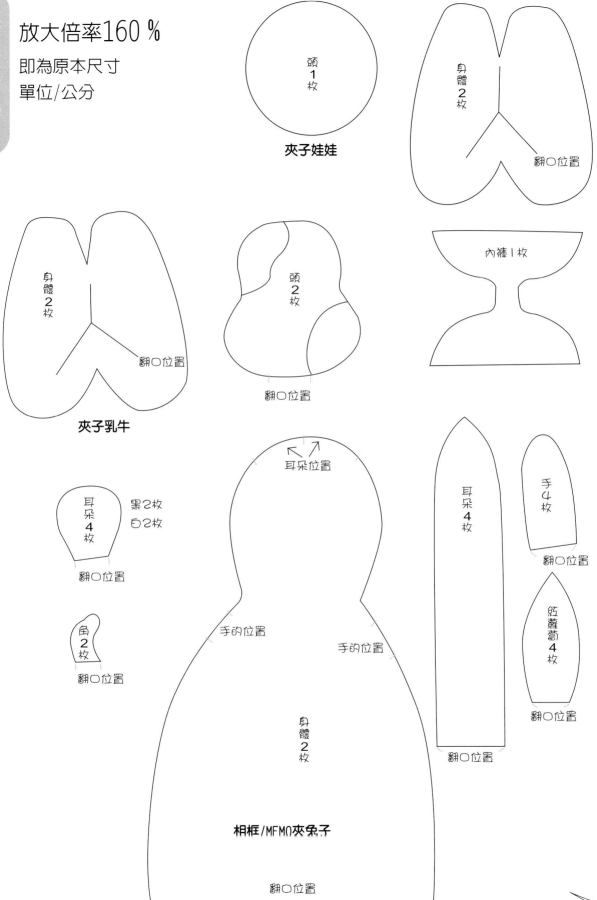

放大倍率160 %
即為原本尺寸
單位/公分

紙型附錄

頭
1枚

夾子娃娃

身體
2枚

翻口位置

身體
2枚

翻口位置

夾子乳牛

頭
2枚

翻口位置

內褲1枚

耳朵
4枚

黑2枚
白2枚

翻口位置

耳朵
4枚

翻口位置

手
4枚

翻口位置

角
2枚

翻口位置

耳朵位置

手的位置

手的位置

身體
2枚

相框/MEMO夾兔子

翻口位置

胡蘿蔔
4枚

翻口位置

137

放大倍率160%
即為原本尺寸
單位/公分

糖果罐子

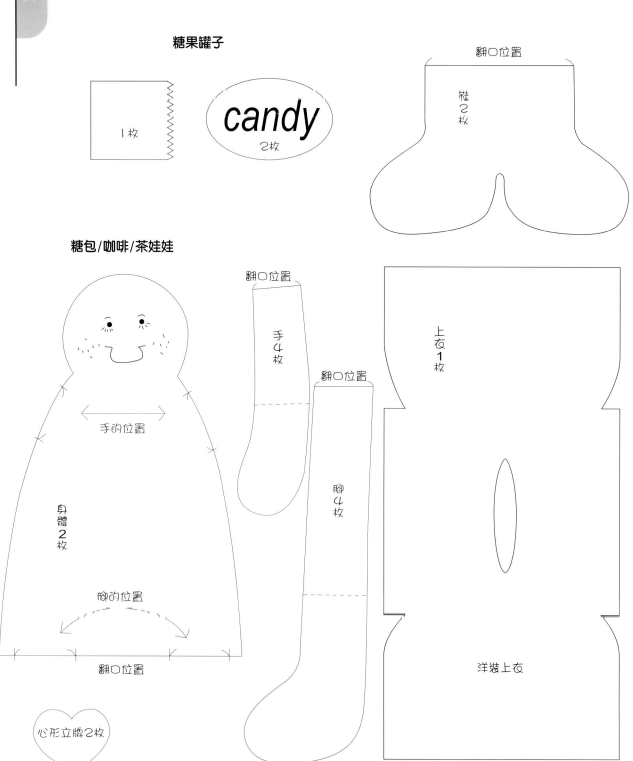

1枚

candy
2枚

翻口位置

袖2枚

糖包/咖啡/茶娃娃

手的位置

身體
2枚

腳的位置

翻口位置

翻口位置

手4枚

翻口位置

腳4枚

上衣1枚

洋裝上衣

心形立牌2枚

放大倍率160 %

即為原本尺寸

單位/公分

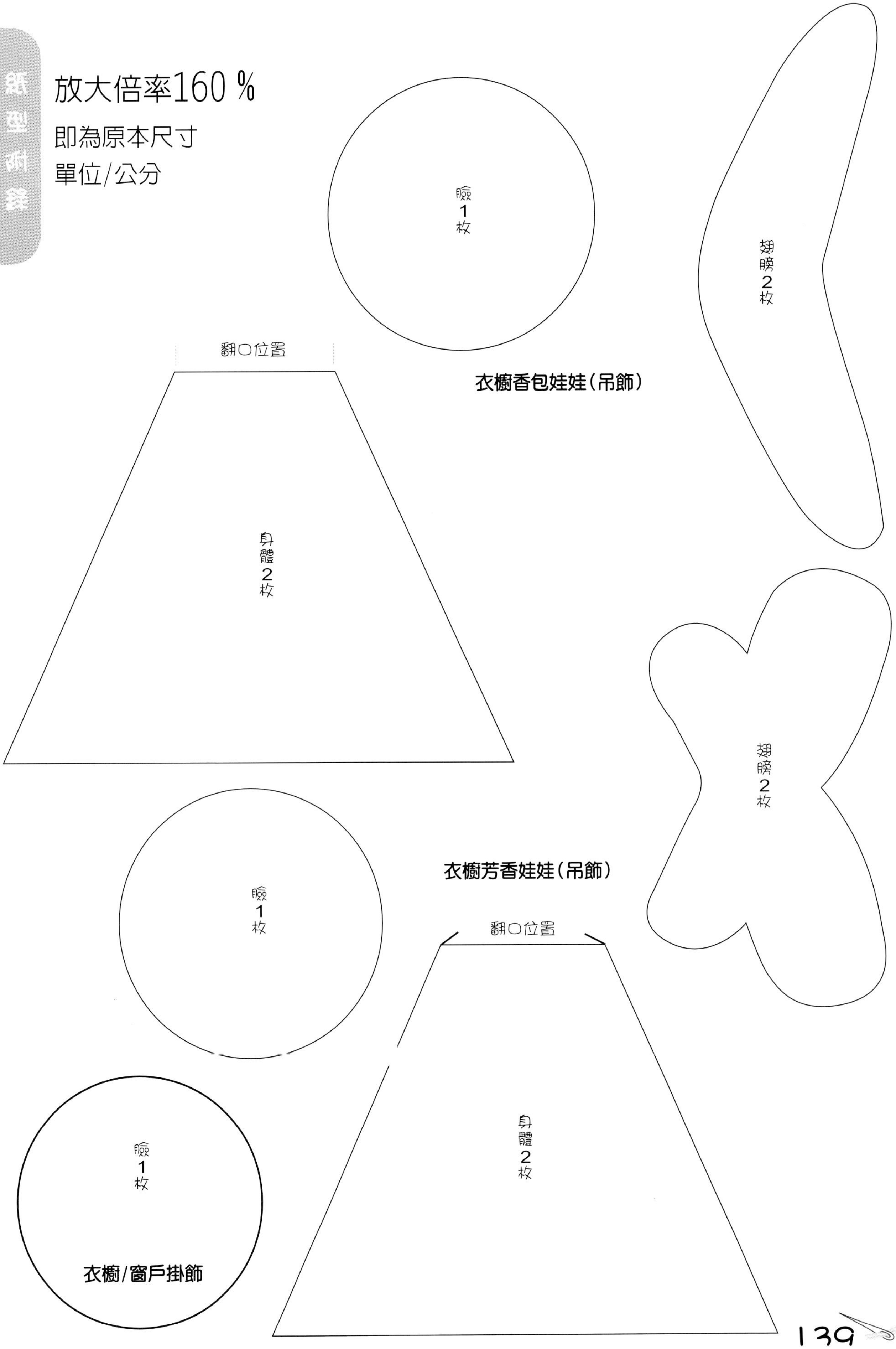

臉
1
枚

翅膀
2
枚

衣櫥香包娃娃（吊飾）

翻口位置

身體
2
枚

臉
1
枚

翅膀
2
枚

衣櫥芳香娃娃（吊飾）

翻口位置

身體
2
枚

臉
1
枚

衣櫥/窗戶掛飾

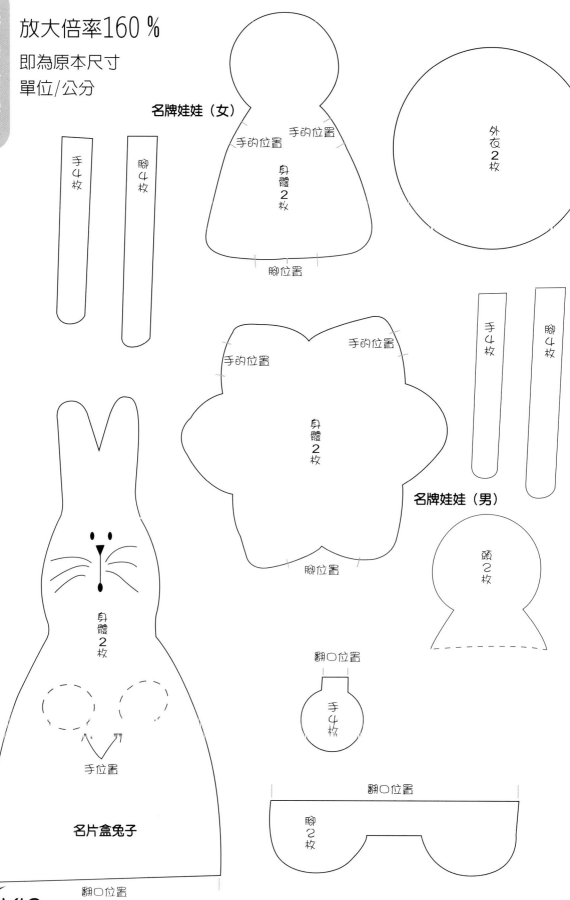

放大倍率160%

即為原本尺寸

單位/公分

名牌娃娃（女）

手4枚

腳4枚

手的位置　手的位置

身體2枚

外衣2枚

腳位置

手的位置　手的位置

身體2枚

手4枚

腳4枚

名牌娃娃（男）

頭2枚

身體2枚

腳位置

翻口位置

手4枚

手位置

名片盒兔子

翻口位置

腳2枚

翻口位置

放大倍率160％

即為原本尺寸
單位/公分

KEY`S HOUSE 娃娃

耳位置

手位置

翻口位置

腳位置

耳朵2枚

翻口位置

翻口位置 翻口位置

手4枚

腳4枚

翻口位置

共8枚 4枚

共4枚 2枚

翻口位置

腳位置 腳位置

三角巾一枚

門把套2枚

（魔鬼粘位置） （魔鬼粘位置）

冰箱門把套

翻口

臉

腳2枚

小兔花仙子

衣一枚 領口位置

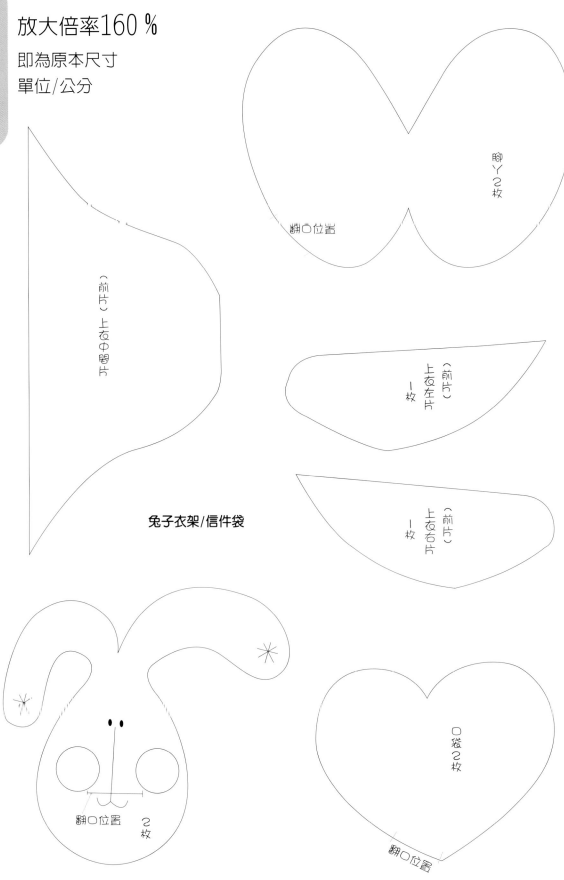

放大倍率160 %
即為原本尺寸
單位/公分

紙型附錄

腳ㄚ2枚

翻口位置

（前片）上衣中間片

（前片）上衣左片 1枚

（前片）上衣右片 1枚

兔子衣架/信件袋

翻口位置 2枚

口袋2枚

翻口位置

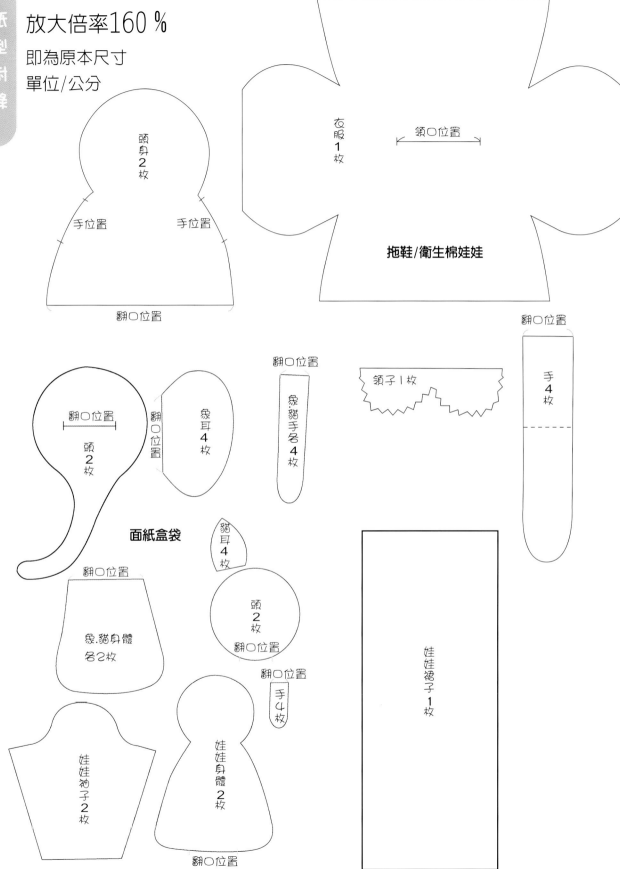

放大倍率160％

即為原本尺寸

單位/公分

頭身 2枚

手位置　手位置

翻口位置

衣服 1枚

領口位置

拖鞋/衛生棉娃娃

翻口位置

翻口位置

頭 2枚

翻口位置

象耳 4枚

象.貓手各 4枚

領子1枚

翻口位置

手 4枚

面紙盒袋

貓耳 4枚

翻口位置

象.貓身體 各2枚

頭 2枚

翻口位置

翻口位置

手 4枚

娃娃裙子 1枚

娃娃袖子 2枚

娃娃身體 2枚

翻口位置

休閒手工藝系列④

芳香布娃娃

定價：360元

出 版 者：新形象出版事業有限公司
負 責 人：陳偉賢
地　　址：台北縣中和市中和路322號8F之1
電　　話：29207133・29278446
F A X：29290713

編 著 者：吳素芬
總 策 劃：陳偉賢
執行編輯：吳素芬、黃筱晴
電腦美編：洪麒偉、黃筱晴
封面設計：洪麒偉、黃筱晴

總 代 理：北星圖書事業股份有限公司
地　　址：台北縣永和市中正路462號5F
門　　市：北星圖書事業股份有限公司
地　　址：永和市中正路498號
電　　話：29229000
F A X：29229041
網　　址：www.nsbooks.com.tw
郵　　撥：0544500-7北星圖書帳戶
印 刷 所：利林印刷股份有限公司
製 版 所：興旺彩色印刷製版有限公司

行政院新聞局出版事業登記證／局版台業字第3928號
經濟部公司執照／76建三辛字第214743號

西元2003年11月　第一版第一刷

國家圖書館出版品預行編目資料

芳香布娃娃／吳素芬編著。--第一版 。--臺
北縣中和市：新形象 ， 2003〔民92〕
　　面； 　公分 。--（休閒手工藝系列；4）

ISBN 957-2035-53-3（平裝）

1.裝飾品　2.家庭工藝

426.77　　　　　　　　　　　92016692